Mais comment en est-on arrivé là ?

Acteurs de la Science

Fondée par Richard Moreau,
professeur honoraire à l'Université de Paris XII
Dirigée par Claude Brezinski et Roger Teyssou

La collection Acteurs de la Science est consacrée à des études sur les acteurs de l'épopée scientifique moderne ; à des inédits et à des réimpressions de mémoires scientifiques anciens ; à des textes consacrés en leur temps à de grands savants par leurs pairs ; à des évaluations sur les découvertes les plus marquantes et la pratique de la Science.

Dernières parutions

Roger TEYSSOU, *Jean Wier. Des dieux, des démons, des sorcières,* 2016.

Sofiane BOUHDIBA, *Pavillon jaune, Histoire de la Quarantaine, de la Peste à Ebola,* 2016.

François DEMARD, Pierre MANDRILLON, *Dans l'œil du cyclotron*, 2016.

Gilles GROS, *Pierre Fauchard, ce génie de l'épistémologie en art dentaire*, 2016.

Robert LOCQUENEUX, *L'électricité au Siècle des lumières. Nollet, Franklin & les autres,* 2016.

Jean PERDIJON, *Les physiciens sont-ils des intellectuels ? Petit traité (illustré) de culture physique*, 2016.

Francis WEILL, *Folie du monde et vertige des religions : mémoires d'un vieux médecin,* 2016.

Jean Dominique BOURZAT, *Une dynastie de serruriers à la cour de Versailles. Les Gamain*, 2016.

François TRON, *Maladies auto-immunes. Quand notre système de défense nous trahit*, 2015

Roger TEYSSOU, *Orfila. Le doyen magnifique et les grands procès criminels au XIXè siècle. El decano magnifico*, 2015

Michel Rouffet

Mais comment en est-on arrivé là ?

La terre de 4 000 à 4,5 milliards d'années

L'Harmattan

5-7, rue de l'Ecole-Polytechnique, 75005 Paris

www.harmattan.com
diffusion.harmattan@wanadoo.fr

ISBN : 978-2-343-10343-3
EAN : 9782343103433

Du même auteur

Le voyage de Claudius, roman historique, Normant Editions, 2006

Foss'Île-de-France, Les coquillages fossiles dans la parure historique, sous la direction de Caroline Peschaux, Jean-Michel Portier et Michel Rouffet, 2015 (catalogue de l'exposition du même nom).

A la mémoire de mon frère François

De quoi s'agit-il ?

Les scientifiques pensent aujourd'hui que l'univers doit avoir une quinzaine de milliards d'années.

La terre, beaucoup plus jeune, un peu plus de 4,5 milliards d'années.

Les religions du Livre ont longtemps pensé que, conformément à ce qui est écrit dans la Bible, le monde et la terre ne peuvent avoir que quelques milliers d'années.

L'écart est important.

Finalement un consensus large est apparu entre ces deux approches. Il a fallu 2000 ans pour cela. Il a fallu 2000 ans pour revenir à une pensée qui avait été exprimée au début de notre ère et pour concilier (réconcilier devrait-on dire) science et religion.

Comment les choses se sont-elles passées ?

Les rapports entre la science et la religion sur ce sujet ont souvent été tendus, mais aussi indirectement complémentaires.

Regardons cela un peu dans le détail.

1 – Qui est le premier ?

Comment les anciens se représentaient-ils la formation du monde ?

Prenons un exemple :

« Avant tout fut Chaos (Abime), puis terre aux larges flancs, assise, sûre à jamais offerte à tous les vivants et Amour, le plus beau parmi les dieux immortels...

D'Abime naquirent Erèbe et la noire Nuit. Et de Nuit, à son tour sortirent Ether et la Lumière du jour... Terre, elle, d'abord enfanta un être égal à elle-même, capable de la couvrir tout entière, Ciel étoilé. »[1]

Voici comment Hésiode, vers le milieu du VIIIème siècle av. J.-C., tente de présenter l'origine du monde. Pour pasticher Gaston Leroux, on pourrait dire : « Où l'on commence à ne pas comprendre. »[2] Chaos, Nuit, Terre et Ciel étoilé sont-ils des éléments physiques ou des dieux ? Un peu des deux sans doute.

La suite ne nous éclaire guère plus. « Le mystère s'épaissit. »[3]

Ciel (Ouranos) et Terre ont ensuite une fécondité désordonnée ; les montagnes, les mers, les océans, les nymphes, les Géants, les cyclopes, les Cent-Bras, Rhéia... et enfin le « *dieu au penser fourbe* » Chronos, le temps, bien sûr.

Ciel était un père terrible. Pour le punir et à la demande de sa mère, Chronos lui coupa les bourses avec une grande

---

[1] Hésiode, *Théogonie,* vers 116 et suivants.

[2] *Le mystère de la chambre jaune,* titre du chapitre 1.

[3] *Id.* Titre du chapitre 2.

serpe. Ce qui veut dire que ce fut à une époque où on (qui on ?) avait découvert le métal. Les gouttes de sang giclèrent et donnèrent naissance à quantité d'êtres nouveaux (Furies, Géants, Nymphes). Les bourses de Ciel tombèrent dans la mer et la semence d'Ouranos donna naissance à Vénus. Celle-ci, née dans l'onde, aborda la terre à Cythère, parfois assimilée à Chypre.

Pendant ce temps, Nuit aussi, de son côté, continuait d'enfanter ; mort, sommeil et songes apparurent.

Rhéia donna des enfants à Chronos, mais celui-ci, jaloux, les dévorait tous à mesure qu'ils naissaient. Vint le jour où Rhéia enfanta Zeus. Elle enveloppa une pierre de langes et la donna à manger à Chronos, pendant qu'elle emportait l'enfant au loin. Celui-ci grandit et, devenu fort et vigoureux, il contraignit son père à vomir tous les enfants avalés, la pierre en premier. En reconnaissance, ceux-ci donnèrent alors à Zeus le tonnerre et la toute-puissance.

Hésiode, dans son œuvre, met en forme une série de traditions antérieures loin d'être en cohérence les unes avec les autres. Son récit en est le témoin. Malgré de louables efforts, il est tout sauf homogène et loin d'être convaincant, même pour les esprits de son époque.

Qui créa le monde ? Le monde matériel est-il antérieur au monde des dieux ou est-ce l'inverse ? La description ne permet pas d'en juger.

Et les dieux continuent d'apparaître (Nérée avec Doris, fille d'Océan, enfante, à lui seul 50 filles, les néréides !), définissant tout le paysage géographique de la terre connue d'alors, montagnes, mers, fleuves, océans… Dans le même temps, ou, à peu près, apparaissent, simultanément et de manière mal définie, ce que l'on a appelé des héros, ou demi-dieux, tel Hercule, c'est-à-dire des êtres mi-hommes, mi-dieux, alors que la notion d'homme n'est pas encore mentionnée. Enfin vinrent des hommes.

Les hommes sont-ils apparus avant la fin de la naissance des dieux ou après ? On ne le sait pas.

Huit siècles plus tard, Ovide tente à son tour un récit des premiers temps de l'humanité, à l'occasion de la rédaction de ses *Métamorphoses*. Le récit diverge à plus d'un égard de celui d'Hésiode. Ce qui n'empêche pas son texte d'être aussi reconnu et admiré que celui de son illustre prédécesseur.

Quand il aborde la création de l'homme, la formulation est parfaitement confuse :

« L'homme naquit, soit que le dieu créateur, auteur d'un monde meilleur, l'eût formé de la semence divine, soit que la terre dans sa nouveauté, récemment dégagée des couches profondes de l'éther, eût conservé quelque germe de son frère le ciel, et que cette terre, le fils de Japet, en la mélangeant aux eaux de pluie, l'ait façonnée à l'image des dieux, modérateurs de toutes choses. »[4]

L'homme naquit. Quelle précision !

Ovide ajoute aussitôt que les autres animaux n'ont d'yeux que pour l'homme, comme l'homme n'a d'yeux que pour le ciel. Ce qui veut dire que les animaux existent. A quel moment seraient-ils apparus ? Comment et par qui ont-ils été créés ? Silence.

Ce flou remarquable sur la création du monde chez deux auteurs célèbres de l'antiquité classique n'a rien d'imputable à ces auteurs. Il est général à la religion antique gréco-romaine. On le retrouve fréquemment. Le mythe d'Orphée, pour ne citer que lui, est polymorphe. Il est, manifestement, la tentative de synthèse entre de multiples traditions d'origines géographiques variées.

---

[4] Ovide, *Métamorphoses,* Livre 1, 76-88.

A peine peut-on entr'apercevoir une première ligne directrice, encore bien confuse, peut-être même inconsciente. La création s'est faite en deux temps.

Dans un premier temps, les éléments de la nature, ou premiers dieux, dans une activité fébrile se neutralisent dans des luttes stériles dont rien de positif ne sort. La Titanomachie, combat des Titans contre les dieux en est, un épisode des plus violents. Ce qu'engendre Ciel n'est pas un ensemble de natures finies, mais des monstres de toutes natures. Une vie désorganisée, qui a besoin d'être sérieusement retravaillée dans la violence des combats et des meurtres, forcément temporaires, car les dieux sont immortels.

Ce n'est qu'après cette longue gestation violente que les conditions d'une vie « normale » s'établissent progressivement et que peut commencer une histoire, tout aussi imaginaire, mais plus humaine. Car les dieux, dans la mythologie grecque ont volé les caractères des hommes.

Il va sans dire qu'une telle présentation, même pour un esprit antique, n'est pas satisfaisante. On y voit, au mieux, une œuvre poétique, mais rien à quoi se raccrocher vraiment dans le cadre d'une pensée religieuse organisée. Une telle présentation n'induit aucune règle de conduite pour l'homme durant sa vie, aucune eschatologie particulière pour après sa mort. Raison pour laquelle, la religion romaine est restée extrêmement sommaire et insatisfaisante.

Les dieux peuvent cependant interférer sur la vie courante des hommes, soit par ricochet comme conséquences de leurs querelles internes, soit directement, par exemple lorsque Vénus décide de soutenir Enée dans son errance alors que Junon cherche à lui nuire. Ils peuvent aussi aider et rendre, si on le leur demande gentiment, un service. Il faut alors s'adresser à eux pour leur demander ce service en leur apportant une offrande et selon un rituel bien établi. Implicitement l'homme dit au Dieu : « *Do ut des* », je te donne (une offrande) pour que tu me donnes (le service que je te demande). C'est sans doute la formule qui résume le mieux cette acception de la religion qui n'est rien d'autre qu'un marchandage accompagné d'une liturgie extrêmement précise. Aucune notion de foi ou de croyance ne vient s'immiscer dans les actes religieux dont seule la forme compte.

Deux conséquences :

- L'homme d'esprit et de culture se tourne vers une forme de réflexion plus intellectuelle, ce qui anime le développement de la pensée philosophique par laquelle l'homme ne compte que sur lui-même et sur ses propres capacités d'analyse pour améliorer son niveau de connaissance et élever son âme ou son esprit (ces deux notions étant alors proches). Cette capacité intellectuelle d'analyse ne s'applique pas, ou fort peu, à la religion.
- L'homme qui demeure fondamentalement religieux, insatisfait de la situation qu'on lui propose, cherche d'autres dieux qui viendraient compléter la liste afin d'augmenter le nombre des intercessions possibles en cas de besoin. Au cours de son histoire, Rome donne de multiples exemples de ces dieux exogènes introduits, pour des besoins pratiques, dans la liturgie publique : Cybèle, Mithra, Isis, La Pierre Noire d'Héliogabale, jusqu'à l'invocation au soleil invaincu *« sol invictis »*, pseudo-monothéisme adopté par plusieurs empereurs du milieu du IIIème siècle apr. J.-C., alors même (ou parce que ?) le christianisme s'est déjà bien développé dans l'empire.

Cette inconsistance ou insuffisance, admise, de la religion remonte à sa tare originelle, une histoire incohérente racontée aux hommes ; une confusion forte entre cosmogonie et théogonie.

Il ne faut pas croire, d'ailleurs, que cette caractéristique soit propre à la religion gréco-romaine.

Peu ou prou, on pourrait faire la même remarque pour la plupart des religions antiques du pourtour méditerranéen. Rappelons sommairement, pour illustrer ce propos, la présentation des origines du monde adoptée dans l'ancienne Egypte.

La constitution du monde vue par les Egyptiens anciens est encore plus complexe que la vision gréco-latine, car l'Egypte vient du regroupement, à partir de moins 3000 environ, de la haute et de la Basse Egypte. Chacun de ces ensembles possédait sa propre mythologie et parfois même plusieurs en fonction des villes où elles s'étaient formées. Pour faire bref, on peut distinguer, à l'époque classique, trois grandes sources mythologiques :

- Une théologie solaire, dans la région d'Héliopolis (pointe du Delta), centrée autour de Khepri-Ré-Atoum (du nom des trois formes du soleil : levant, au zénith et couchant) qui créa un premier couple divin d'où sortiront Osiris, Isis, Seth et Nephtys dont les tribulations mortuaires sont bien connues (mythe d'Osiris tué par Seth, découpé en morceaux qu'Isis récupère, rassemble et fait revivre grâce au talent d'Anubis le dieu chacal des morts.
- Une Ogdoade de huit dieux dans la région d'Hermopolis en Moyenne Egypte.
- Une théologie articulée autour du dieu Ptah à Memphis.

Il en résulte que les mythes liés à l'apparition des dieux, du monde et des hommes sont multiples et s'entrecroisent sans que, là non plus, on ne perçoive une cohérence particulière.

Assez fréquemment émerge, en premier lieu, un tertre, un lotus ou un œuf au-dessus des eaux primordiales. Cette émergence signifie l'apparition de la terre, de la vie, de la conscience. Chaque ville avait son tertre, son lac, sa montagne primordiale, source de la vie et du monde.

Puis, un dieu peut apparaître au sein d'un de ces éléments primordiaux, un oiseau de lumière sort de l'œuf, le lotus porte le soleil enfant ou l'héritier parfait enfanté par l'Ogdoade. En fait, les récits commencent en général à cette étape qui suppose l'existence préalable d'un milieu matériel nécessaire à l'émergence du dieu.

A Memphis, un peu différemment, Ptah crée par la puissance de son esprit. Il fait exister les dieux qui, par la suite, pénétreront dans leur corps visible en entrant dans toute sorte de plantes, de pierres, d'argiles, et dans tout ce qui pousse sur la terre. C'est, assez curieusement, une des plus anciennes théologies façonnées qui est la plus élaborée : *« expression la plus élevée de la métaphysique égyptienne. »*

Enfin, dans un troisième temps, les dieux par leurs émissions diverses ; salive, expectoration, semence, larmes… créent une humanité. Un dieu potier, Khnoum, peut également façonner un être dans l'argile et lui donner vie en soufflant dessus.

Tout ceci semble, à nouveau, extrêmement confus. On peut cependant noter la notion de progressivité, non calée dans le temps. Une espèce de schéma en trois temps, préexistence d'un état matériel, permettant l'apparition d'un dieu en mesure de créer la vie, mais dans un ordre variable.

Lors de l'unification du pays sous l'autorité centralisatrice de Pharaon, les prêtres ont été sommés de mettre de l'harmonie dans tout cet ensemble. Ils n'y sont parvenus que moyennement, toute tentative de synthèse portant inévitablement, dans les textes, les traces de la diversité originelle.

Il fallut bien s'en contenter. Cela fût un peu facilité par le fait que cette tentative de synthèse s'est montrée plus convaincante dans la définition d'une eschatologie crédible.

Il faut bien reconnaître que, comparé aux religions gréco-latines, le sort de l'homme après la mort est beaucoup mieux défini chez les Egyptiens. Le parcours initiatique menant à la vie des millions d'années est complexe, mais bien décrit. Il y a un processus rigoureux qui fait appel à la mémoire : il faut saluer chaque dieu par chacun de ses noms, sans erreur, et en prononçant exactement la formule rituelle pour chaque nom. Il y a une pesée des âmes, vérifiant si au cours de la vie du défunt le bien qu'il a fait est plus lourd que le mal qu'il a produit. Et puis il y une condition très particulière : le corps doit rester dans son intégrité physique après la mort.

Cette vision globale frappa beaucoup les Romains qui n'hésitèrent pas, à l'occasion de la conquête de l'Egypte à la fin du premier siècle avant notre ère, à emprunter à cette civilisation des dieux ou déesses, comme Isis, ou même à en inventer, comme Serapis.

Malheureusement, la dernière condition sur la conservation du corps après la mort, assez facile à remplir en Egypte, n'était absolument pas transposable dans un autre contexte géographique. Indépendamment des techniques de momification qui, compte tenu du coût, n'étaient réservées qu'aux plus riches, le plus pauvre des paysans des bords du Nil pouvait facilement, après sa mort, être simplement déposé dans les sables du désert, avec ou même sans linceul. La sécheresse du milieu préserve naturellement le corps qui se momifie par simple dessiccation. Le corps encore intact présenté aujourd'hui au British Museum de Londres montre l'efficacité du procédé.

Dans ces conditions, le système religieux égyptien ne pouvait pas devenir un mode de pensée universel ou même simplement transposable hors d'Egypte ; un laboureur des bords du Tibre n'avait aucune chance de voir son corps se conserver naturellement. Sa conception de la formation du monde et des dieux n'apporte rien et sa vision de l'au-delà, quoique plus convaincante est limitée géographiquement.

2 – Un système simple

De toutes les présentations confuses des origines du monde qui peuplent les civilisations de l'antiquité classique il en est une qui tranche par sa simplicité. Celle de la Bible.

Elle fut mise en forme pour la première fois, sans doute au VIIe siècle av. J.-C., dans le royaume de Juda, au temps du roi Josias. C'est, pense-t-on, celui-ci qui fit rédiger les traditions de son peuple, probablement très anciennes. Il semblerait que cette mise en forme réponde à un besoin politique, du royaume de Juda, depuis plusieurs siècles en compétition avec son voisin du nord, le royaume d'Israël, et qui, après la chute de ce dernier, se retrouvant seul ait eu besoin d'affirmer une unicité politique et de lieu de culte autour de Jérusalem.

Il faut remonter un plus haut dans le temps, au premier âge du fer, vers 1200 avant notre ère, sur les terres situées à l'ouest du Jourdain, pour trouver un groupe de peuplement qui se distingue de ses voisins proches par une caractéristique alimentaire curieuse révélée par l'archéologie. Les fouilles réalisées dans cette région mettent en évidence de nombreux restes d'ossements d'animaux domestiques ; parmi ceux-ci, il n'y a pas de restes de porc.

On pense trouver là, la première manifestation historique claire du groupe qui se définira ensuite comme hébreu, ou juif, ou israélite. Le monothéisme qui le caractérise n'est probablement apparu que plus tard. Toutefois, dès cette époque, une réelle spécificité existe. C'est la seule, actuellement reconnue, qui le distingue de ses voisins proches, mais situés à l'est du Jourdain et connus sous les appellations de royaumes d'Ammon, de Moab et d'Edom. De la même manière, une telle particularité n'existe pas, ou du moins n'a pas été observée, pour les périodes antérieures correspondant à l'âge du bronze.[5]

La suite officielle de cette histoire est connue, même si elle pose d'un point de vue archéologique de nombreuses questions ; fondation au début du premier millénaire d'un grand royaume juif avec des rois de grand prestige, David puis Salomon. Scission de ce royaume en deux, œuvre du Tout-Puissant pour punir Salomon de ses fautes et, donc, apparition d'un royaume d'Israël au nord et de Juda au sud.

L'existence de ce royaume unifié a été mise en cause d'un point de vue historique. Cette contestation, si elle était avérée, permettrait peut-être de mieux comprendre les raisons pour lesquelles le roi Josias aurait fait rédiger la première base de ce qui deviendra la Bible, à un moment où Israël n'existe plus à la suite de l'invasion étrangère assyrienne, mais où demeure, néanmoins un sanctuaire, à Bethel, autour duquel se regroupent les Israélites qui ont échappé à l'exil imposé par les conquérants. A ce moment Josias se croit probablement apte à détruire définitivement le sanctuaire de Bethel au profit du seul temple de Jérusalem. En inventant un grand royaume unifié primordial, ou en cherchant à le restaurer, il justifie son aspiration à devenir, lui-même, le seul monarque du peuple hébreu.

Est-ce ce besoin de justification qui amène les rédacteurs (on distingue au moins trois sources de rédaction dans la version finale de la Bible) à être

---

[5] Sur l'histoire des origines des Hébreux, telle qu'on peut la comprendre à partir des découvertes archéologiques, voir Israël Finkelstein et Neil Asher Silberman : *La Bible dévoilée Les nouvelles révélations de l'archéologie,* Traduction Française Bayard, 2002.

particulièrement cohérents dans leur récit manifestement orienté vers l'espoir de la reconstitution du Grand Royaume Unifié ?

Peut-être.

Ce qui est sûr, c'est que s'agissant de la partie « cosmogonie » du livre, ils ont parfaitement réussi à présenter une création du monde simple dans son principe et, que l'on y croie ou pas, compréhensible par chacun, même peu éduqué.

« Au commencement, Dieu créa les cieux et la terre. »

C'est précis. Il y a un Dieu, vraisemblablement existant de tout temps, et il crée le ciel et la terre.

Cette formule basique fut complétée un plus tard lorsque ce texte fût repris par les chrétiens. Saint Jean dans son Evangile commente ce début du monde en insistant sur la force de la parole par laquelle Dieu créa : *« Au commencement était le Verbe (ho logos) et le Verbe était auprès de Dieu et le Verbe était Dieu. Il était au commencement près de Dieu. Toutes choses ont été faites par lui et sans lui rien n'a été fait. »*

Cette formulation de la théorie du Logos de Jean peut faire penser à celle utilisée par les Egyptiens pour montrer comment Ptah créa le monde par la seule force de son esprit.

A cause de cela, on aurait pu déceler une influence de la pensée Egyptienne sur la théologie judéo-chrétienne, mais deux millénaires séparent les deux formulations. Entre les deux, la formule de la Genèse qui aurait pu reprendre cette distinction entre Dieu et sa puissance créatrice reste beaucoup plus simple. Il y a un Dieu et ce Dieu crée.

Cette solution de continuité semble devoir écarter l'hypothèse, parfois émise, d'une simple reprise d'une tradition égyptienne. Il y a bien une inspiration propre.

La suite montre une création du monde matériel selon une progression qui, aujourd'hui encore, ne nous étonne pas.

La première action consiste à créer la lumière : *« Dieu dit : que la lumière soit ! Et la lumière fut. »* La lumière apparaît avant la matérialité solide qui habite le monde.

Puis il y a création de l'eau ; au-dessus de la terre et sur la terre, séparée par une étendue appelée terre : *« Dieu dit : Qu'il y ait une étendue entre les eaux, et qu'elle sépare les eaux d'avec les eaux. Et Dieu fit l'étendue, et il sépara les eaux qui sont au-dessous de l'étendue d'avec les eaux qui sont au-dessus de l'étendue... Dieu appela l'étendue ciel. »*

Ensuite la terre se sépare des eaux : *« Dieu dit : que les eaux qui sont au-dessous du ciel se rassemblent en un seul lieu, et que le sec paraisse. »* On dirait qu'il a lu un manuel moderne sur la formation de la terre et des océans.

Les végétaux peuvent alors être créés : *« La terre produisit de la verdure, de l'herbe portant de la semence selon son espèce, et des arbres donnant du fruit et ayant en eux leur semence selon leur espèce. »*

Curieusement, ce n'est qu'après l'apparition des végétaux que Dieu se soucie de créer des luminaires qui déterminent la séparation du jour et de la nuit, même si dès le premier jour il y avait eu séparation entre la lumière et les ténèbres : *« Dieu dit : qu'il y ait des luminaires dans l'étendue du ciel, pour séparer le jour d'avec la nuit ; que ce soient des signes pour marquer les époques, les jours et les années et qu'ils servent de luminaires dans l'étendue du ciel, pour éclairer la terre. »* Et il précise à nouveau : *« pour présider au jour et à la nuit, et pour séparer la lumière d'avec les ténèbres. »* On est alors au quatrième jour.

Ensuite apparaissent, les animaux, d'abord dans l'eau et dans le ciel : *« Que les eaux produisent en abondance des animaux vivants, et que des oiseaux volent sur la terre vers l'étendue du ciel. Dieu créa les grands poissons et tous les animaux vivants qui se meuvent, et que les eaux produisirent en abondance selon leur espèce ; il créa aussi tout oiseau ailé selon son espèce. »*

Le jour suivant apparaissent les animaux terrestres : *« Dieu dit : que la terre produise des animaux vivants selon leur espèce, du bétail, des reptiles et des animaux terrestres, selon leur espèce. »*

Et, le même jour, mais après, Dieu crée l'homme et la femme : *« Puis Dieu dit : Faisons l'homme à notre image, selon notre ressemblance... Dieu créa l'homme à son image, il le créa à l'image de Dieu, il créa l'homme et la femme. »*

On retrouve à ce stade un point commun avec bien des croyances antiques ; la similitude, apparente, entre Dieu (ou les dieux) et l'homme. Toutefois, chez les Grecs, les dieux avaient volé leur caractère aux hommes. Dans ce cas « Le » dieu est clairement à l'origine de tout, il donne son image à l'homme.

La fin de la présentation de ce texte de la Genèse devient plus théologique en définissant le rôle de l'homme dans la nature et sa supériorité sur tous les autres êtres vivants.

Pour être sûr que nul n'en ignore, le rédacteur après avoir décrit ce processus de création du monde, le reprend sous une forme résumée, mais rajoutant quelques détails, au second chapitre.

La question que l'on peut se poser est de savoir si ce récit est intuitu generis ou s'il a pu être influencé par tel autre mythe antérieur d'une civilisation proche, moyen orientale ou mésopotamienne.

Il n'y pas de réponse évidente, car aucune autre théogonie ne ressemble véritablement à celle-ci. Toutefois, il convient pourtant de souligner que quelques épisodes de la Genèse rappellent étrangement des mythes plus anciens. En particulier, l'épisode du déluge. Dieu, courroucé contre les hommes, envoie le Déluge détruire le monde, mais il permet à Noé de construire une arche dans laquelle celui-ci fait entrer sa femme, ses enfants et leurs conjoints ainsi qu'un couple de chaque espèce d'animaux existant sur terre. Après la fin du déluge, une colombe est libérée qui, à la troisième tentative, ne revenant pas, indique qu'une terre émergée est réapparue quelque part.

L'épopée sumérienne du Gilgamesh, antérieure de plus d'un millénaire, décrit un épisode qui se rapproche sérieusement de l'histoire de Noé, y compris dans certains détails, en particulier l'épisode de l'oiseau qui, ne revenant pas, la troisième fois, indique la baisse du niveau des eaux. A une nuance près : le premier jour après la fin du déluge, une colombe est lâchée et elle revient n'ayant pas trouvé où se poser. Le deuxième jour, une hirondelle est lâchée et elle revient pour la même raison. Le troisième jour, c'est un corbeau qui est lâché et qui ne revient pas[6].

Ce qui semble certain c'est qu'il y a eu une connaissance de certains épisodes de ces mythes, manifestement plus anciens et qui ont été réintégrés dans le récit de la Genèse. Mais l'ensemble est d'une facture suffisamment originale pour que l'on puisse traiter ce texte à part.

C'est peut-être ce qui explique son succès dans la durée.

Il convient de rajouter, qu'environ deux siècles plus tard (si l'on admet le moment de la mise par écrit de ce texte au VIIe siècle), Socrate, ou plutôt Platon, reprend une explication assez similaire de la création du monde dans ses dialogues du Timée.[7]

---

[6] *L'Epopée de Gilgamesh,* traduit de l'Akkadien par Jean Bottero, NRF Gallimard, 1992, pp. 193-194.

[7] Platon, *Timée ou de la nature.*

Dans son discours, Timée déclare qu'il connaît une théogonie du type de celle d'Hésiode (dont le nom n'est pas prononcé). Il en donne quelques phrases, visiblement peu convaincu par cette avalanche de dieux qui arrivent d'on ne sait où, mais il admet « *qu'il est au-dessus de notre pouvoir de connaître et d'expliquer leur génération... mais... nous devons nous soumettre à la loi et la croire.* »

Par contre il démontre avec force raisonnement qu'un suprême ordonnateur, un dieu qui existe de tout temps, a créé selon un modèle déterminé, le monde visible avec un ordre logique ; les éléments naturels, puis les animaux en commençant par les oiseaux et les poissons, puis les animaux terrestres, puis enfin l'homme. Sans entrer dans le détail d'une argumentation complexe, mais raisonnée, on retrouve un mode de création du monde qui, à bien des égards, reprend, s'inspire ou suit le texte de la Genèse. En outre, ce Dieu est forcément bon : *« Il était bon ; et celui qui est bon n'a aucune espèce d'envie. Exempt d'envie, il a voulu que toutes choses fussent, autant que possible, semblables à lui-même ».* Ce dernier constat est à rapprocher de la formulation de la Genèse, qui chaque jour fait constater : *« Dieu vit que cela était bon »* et, in fine proclame : *« Dieu dit : Faisons l'homme à notre image, selon notre ressemblance. »*

Ce texte de la Bible, profondément hébreu, trouve ainsi une résonnance spécifique dans le monde classique grec. Ce dialogue du Timée souligne que la théogonie classique grecque n'est pas convaincante, mais qu'il faut faire semblant d'y croire parce que la loi y oblige. En revanche, un récit du type Genèse devient une explication rationnelle pour esprit éclairé. L'esprit de croyance et de loi qui s'attache à la Genèse devient, sous la dialectique platonicienne, une explication raisonnée qui lui donne un écho supplémentaire.

3 – Une interprétation métaphorique

Philon vivait à Alexandrie. C'est pourquoi il est connu sous le nom de Philon d'Alexandrie. Ses dates de naissance et de mort sont incertaines ; disons vers -10 -15 pour la naissance et un peu au-delà de l'an 50 de notre ère pour sa mort.

Il était suffisamment riche, disposant de revenus de droits sur des salines, pour ne pas avoir besoin de travailler pour vivre aisément.

Il était juif.

La communauté juive était très nombreuse à Alexandrie depuis les débuts de l'époque Lagide. Peut-être s'agissait-il de juifs qui avaient suivi les troupes d'Alexandre le Grand dans sa conquête de l'Egypte ? Pour partie sans doute. Mais il put y avoir aussi de nombreuses conversions de Grecs à la religion judaïque. Ce qui laisse ouverte cette hypothèse est que la nouvelle dynastie, très tôt, par la volonté de Ptolémée II Philadelphe, favorisa la traduction de la Bible hébraïque en grec. Cette traduction a été réalisée dans des conditions mi-réelles, mi-fantastiques (par 70 sages en 70 jours – chacun traduisant de son côté et les 70 versions étant, in fine, strictement identiques, d'où le nom de Septante qui fût donnée à cette traduction)[8]. Cette nécessité de permettre aux juifs d'Alexandrie de lire ce texte en grec laisse plutôt penser à des Grecs récemment convertis et ne maîtrisant pas l'Hébreu plutôt qu'à des juifs de langue hébraïque qui

[8] Episode rapporté dans le document connu sous le nom de : *Lettre d'Aristée à Philocrate.*

auraient perdu la connaissance de leur langue ancestrale en moins de deux générations[9].

Cette communauté juive d'Alexandrie se pencha très tôt sur la manière dont il convenait d'interpréter la Bible et, en particulier, comment comprendre le récit de la Genèse. Le plus ancien écrit connu sur ce sujet provient d'Aristobule qui avait composé un commentaire dédié à Ptolémée Philometor vers 150 av. J.-C..[10] Il considérait la description de l'œuvre des six jours comme une allégorie présentant l'ordre et la succession des éléments de la création. Mais entre la création de la lumière le premier jour, et le repos du Créateur le septième jour, il n'y a pas, selon lui de différence de nature. Il admet donc que la création puisse se faire en un seul instant, sans intervalle de temps entre les époques.

Cette double culture, hellénistique et juive était celle de Philon. Sa langue maternelle et d'expression courante était le grec. Il devait connaître un peu d'hébreu et de latin, mais écrivait en grec. Il avait certainement lu Aristobule. C'était un familier de la pensée platonicienne. On disait à Alexandrie, à son époque, qu'on ne savait trop si Platon philonisait ou si Philon platonisait. Il connaissait par conséquent l'interprétation du monde selon Platon, telle qu'exprimée dans le Timée.

Comme, déchargé des soucis matériels, il avait du temps, il consacra sa vie à l'étude de la Bible et à son commentaire. Son œuvre est immense (35 volumes). Les études qui lui ont été consacrées, notamment au cours de la première moitié du XXe siècle ont montré une influence exceptionnelle de son mode de pensée, de ses méthodes et jusqu'à son vocabulaire sur l'œuvre de nombreux Pères de l'Eglise. Il est l'un des premiers auteurs antiques connus

---

[9] Voir sur ce point Schlomo Sand, *Comment est né le peuple juif ?*

[10] Cité par Origène dans : *Contre Celsius.*

qui attribue les cinq premiers livres de la Bible (la Torah juive ou Pentateuque chrétien) à Moïse.

Ce qu'il convient seulement de retenir ici, c'est que son approche de la Bible, qu'il accepte comme texte racontant une réalité historique, est d'abord une interprétation métaphorique ou allégorique. Les personnages bibliques sont réels et historiques, mais leur vie vaut surtout comme illustration de vérités intemporelles. A titre d'exemple, Abraham quitte la Chaldée puis le Pays d'Aram. Par cette migration en deux temps, il quitte les doctrines impies pour aller à la rencontre de Dieu. Chaque précision descriptive rapportée est symbole ou signe d'une idée sous-jacente. La tunique de Josèphe est aussi bariolée que la politique avec de larges bandes de mensonges. L'histoire des patriarches est historique, mais didactique, car destinée à donner des leçons de vertu. La Bible ne parle pas de la mort de Caïn, car celui-ci est symbole de la malignité humaine qui, elle, ne meurt pas. L'ensemble de ses commentaires est organisé dans ce sens.

C'est dans cet esprit qu'il aborde le commentaire du récit de la Genèse et de la création du monde. Son premier volume s'intitule donc *De Opificio Mundi*, de la création du monde)[11]. Assez curieusement, alors que les ouvrages de Philon sont écrits en Grec, ils sont usuellement connus sous leur nom latin.

Il convient de noter tout d'abord qu'en abordant le texte sacré de cette façon, il s'inspire ou reprend des éléments de sa culture hellénistique selon un mélange de traditions judéo-grecques qui est courant à cette époque. La, ou plutôt les sibylles sont des devineresses typiquement païennes, mais reprises dans la littérature intertestamentaire comme des prophétesses juives parlant dans un style qui montre qu'elles connaissent parfaitement la culture et

11Philon d'Alexandrie, *De opificio mundi*, Introduction, traduction et notes par Roger Arnaldez, Editions du Cerf Paris, 1961.

les méthodes des sophistes grecs. Grâce notamment à un texte de Saint Augustin, la sibylle devient chrétienne, assimilée aux prophètes, mentionnée dans la première phrase du Dies Irae et abondamment représentée dans l'iconographie chrétienne, par exemple sur les parois de la chapelle Sixtine.

Philon, parfait représentant de cette culture gréco-judaïque, connaissant le texte du Timée, était aussi au fait de méthodes explicatives à caractère plus occultiste, type prophéties sibyllines de même que des principes de numérologie de la philosophie pythagoricienne. Il était donc tout à fait apte à interpréter le monde selon des figures métaphoriques et à ne pas en rester à la seule lettre des textes, qu'ils soient sacrés ou profanes.

Par ailleurs, et dans le même temps, à Alexandrie, la vigueur intellectuelle avait poussé, non seulement les études philosophiques et religieuses, mais aussi les recherches scientifiques sur le monde, sa forme, sa structure, ses dimensions... Citons, à titre d'exemple Eratosthène qui, avec des moyens techniques rudimentaires (la mesure des grandes longueurs se faisait en comptant les pas de marcheurs spécialisés à la foulée parfaitement calibrée et régulière) a réussi, en partant du principe que la terre était ronde (d'autres théories existaient alors) à mesurer la circonférence de celle-ci avec une précision stupéfiante quand on y songe aujourd'hui ; environ 36 000 km. Vers la même époque, Aristarque de Samos, qui avait été élève à Alexandrie pense-t-on, avait déjà pressenti, par l'observation des astres la réalité héliocentrique. C'est, en particulier, en s'inspirant de ses travaux que Copernic, seize siècles plus tard, plaça définitivement le soleil au centre de notre système.

Toute cette pensée « scientifique », Philon la connaissait et pouvait avoir accès aux travaux réalisés. Mais, apparemment, il ne s'en soucia guère. Il resta dans son élément d'études théologiques et philosophiques. La réalité matérielle de la conception du monde telle que racontée dans la Bible ne l'intéresse pas. Ce qui ne veut pas dire qu'il la refuse. Son originalité est de mener une réflexion clairement séparée de la recherche que l'on appellerait de nos jours scientifique, sans rejeter celle-ci, mais sans même tenter une fusion des deux approches et sans chercher à appuyer l'une par l'autre, encore moins de rejeter l'approche expérimentale au motif qu'elle ne serait pas d'inspiration religieuse. Les deux approches se situent clairement dans des plans différents qu'il ne convient pas de chercher à se faire rencontrer.

Cette approche métaphorique laisse donc toute liberté aux commentateurs de la Bible par rapport aux observateurs du monde et réciproquement.

C'est dans cet esprit qu'il indique comment il faut juger l'œuvre de Dieu créant le monde, objet de son *De Opificio Mundi*.

« Le monde dit Moïse, a été fabriqué en six jours, non que le créateur eût besoin d'une certaine longueur de temps, car il est vraisemblable que Dieu fait tout d'un seul coup, et quand il ordonne et quand il conçoit, mais parce que les choses qui naissent réclament un ordre. »[12]

Dans ce contexte, dans sa vision de la Genèse, il commence par évacuer la question du temps. Dieu créa le monde en six jours et se reposa le septième. Pour lui, cela n'a aucun sens et ne peut correspondre à une durée matérielle, au sens où nous l'entendons dans la vie courante, pour au moins quatre raisons.

Tout d'abord, il n'y a pas de premier jour. Il y a le jour un. Cette légère variante syntaxique qui existe dans la traduction grecque lui permet de diviser l'œuvre de Dieu en deux phases bien distinctes. Un jour, Dieu conçoit le monde ; ce qu'il appelle le monde intelligible, comme un ouvrier définit d'abord son projet avant de l'exécuter :

---

[12] *De opificio mundi,* p13.

« Car Dieu, sachant par avance en tant que Dieu, qu'une belle imitation ne pourrait jamais naître sans un beau modèle... quand il voulut créer le monde visible d'ici-bas, forma d'abord le monde intelligible... »[13] Ensuite seulement, il construit le monde sensible, le monde matériel. On remarque là l'influence directe de la description faite par Timée, dans le dialogue rapporté par Platon.

Ensuite parce que la définition du numéro du jour n'est pas une définition de durée, mais un symbole numérique de ce qui a été créé ce jour-là. Dans un exercice de numérologie pythagoricienne assez impressionnant, il s'attache à démontrer que la valeur de chacun des chiffres est en correspondance avec l'œuvre créée le jour qui porte ce chiffre dont chacun a une puissance propre ; la monade-un, la dyade-deux, la triade-trois, etc. Le chiffre six étant lui-même le chiffre parfait par excellence : *« car, de tous ceux qui viennent à la suite de la monade, il est le premier parfait, étant égal à ses propres parties et entièrement constitué par elles : sa moitié est la triade, son tiers la dyade et son sixième la monade. Il est pour ainsi dire mâle et femelle... »*, il porte donc en lui le symbole du monde parfait enfin réalisé le sixième jour : *« Il fallait donc bien que le monde étant le plus parfait des êtres engendrés fût ajusté selon un nombre parfait, le six »*[14].

La notion de durée n'a pas lieu d'être dans cette réalisation, car Dieu, être parfait, crée tout d'un coup. Mais ce n'est pas parce qu'il fait tout d'un coup qu'il ne doit pas y avoir un enchaînement logique, une progression qui a un sens. Celui-ci se décline dans l'ordre d'apparition des éléments matériels du monde sensible. *« Au commencement, Dieu créa les cieux et la terre. La terre était informe et vide : il y avait des ténèbres à la surface*

---

[13] *Id.* P.16.
[14] *Op.cit.* pp. 14-15.

de l'abîme, et l'esprit de Dieu se mouvait au-dessus des eaux. Dieu dit : que la lumière soit ! Et la lumière fut. » Lumière que Philon analyse d'abord comme la lumière de Dieu, c'est-à-dire le symbole de sa sagesse.

Puis apparaissent les éléments du monde inanimé, les eaux et le ciel, puis les végétaux, puis les astres puis les animaux dans un ordre qui n'est pas indifférent : *« Il parut bon au créateur de façonner les animaux, les premiers dans l'ordre furent en quelque sorte les plus vils, les poissons, les derniers les hommes ; les autres intermédiaires entre les extrêmes meilleurs que les premiers moins bons que les derniers, les terriens et les oiseaux . »*[15] Cette énumération progressive rappelle directement celle annoncée par Timée, avec une simple nuance : chez Platon, les oiseaux sont apparus avant les poissons, ils leur sont donc inférieurs.

Enfin, il souligne que la notion de temps, c'est-à-dire de durée, ne peut exister tant que les instruments permettant de la mesurer n'existent pas. Certes, la lumière et la nuit sont pensées dès le jour un, mais il faut attendre le quatrième jour pour voir apparaître, dans le monde sensible, les astres marqueurs du temps : *« Dieu dit : Qu'il y ait des luminaires dans l'étendue du ciel, pour séparer le jour d'avec la nuit ; que ce soient des signes pour marquer les époques, les jours et les années... ce fut le quatrième jour. »* [16] Dans ces conditions, l'idée d'assigner une durée « matérielle » aux trois premiers jours n'a aucun sens puisqu'on ne peut les mesurer. Et quelle serait la valeur d'une durée déterminée des derniers si cette durée n'est pas comparable à celle des premiers ?

A cette occasion Philon souligne que les étoiles dans le ciel sont placées, certes pour donner de la lumière, mais aussi pour : « *dévoiler les signes de l'avenir.* » Cette

---

[15] *Id.* p. 68.

[16] *Genèse,* 1; 14.

mention complète la réflexion selon laquelle la mise en place des astres n'a pas pour but, pendant cette période initiale, de mesurer les durées.

Ce qui nous importe ici de retenir de cette brève présentation de l'œuvre de Philon s'attachant à la genèse du monde, est :

1°) la conviction qu'il ne faut pas mélanger les genres. La réflexion théologique, soutenue par la croyance est une chose, la science que l'on n'appelle pas encore expérimentale une autre.

2°) la durée de la création n'est pas une question religieuse de croyance. Cette création, qui est théologiquement pensée de manière cohérente par Dieu, peut bien avoir pris une semaine un mois, des années ou plus, là n'est pas la question. Seul compte l'ordre logique dans lequel apparaissent les composants matériels et vivants du monde sensible et visible.

4 – Un texte adopté

A l'époque où vit Philon apparaît le christianisme.

Ce qui marque dans cette apparition est la vitesse à laquelle celui-ci se développe.

On pense connaître avec précision le jour de la mort du Christ, mais l'année reste incertaine ; probablement entre 30 et 33[17], peut-être 36.

La vie de Saint Paul est connue avec beaucoup de détails, ainsi que l'ordre et la durée de chacun de ses voyages. Par contre il y a peu d'éléments permettant de passer d'une chronologie relative à une chronologie absolue. En fait, il n'y en a qu'un seul qui ne fait pas débat. Saint Paul arrive à Corinthe pour prêcher l'évangile. Les prêtres des juifs l'accusent et le présentent au proconsul romain alors en poste, un certain Gallion, frère du philosophe Sénèque. Or, on sait que celui-ci fût nommé en 51 et qu'il tomba rapidement gravement malade. Il dut retourner à Rome dès l'automne de la même année. On connaît historiquement cet épisode. Gallion voit Paul à Corinthe. Donc, Paul est à Corinthe et traduit devant la béma, à la fin de l'été 51 (deuxième voyage, première mission en Europe après Philippe et Thessalonique)[18].

Lorsque Saint Paul arrive, donc en 51, à Corinthe, il est accueilli et hébergé par une femme nommée Prisca et son compagnon. Ceux-ci sont des anciens esclaves romains

17 Sur le Christ personnage historique, voir John P. Meier, *Un certain juif Jésus,* trad. française Cerf, 2005.

18, Jérome Murphy-O'Connor, *Histoire de Paul de Tarse,* Ed du Cerf, Paris, 2004.

qui ont quitté Rome pour venir, après avoir été affranchis, à Corinthe. Ils avaient déjà, à Rome, entendu parler du christianisme. Indication que très tôt, cette nouvelle religion était arrivée dans la capitale de l'empire.

En 64 se déclenche un gigantesque incendie à Rome. Le bruit court qu'il aurait été allumé par l'empereur Néron lui-même. Pour faire diversion, on accuse alors les chrétiens, qui périssent nombreux dans le cirque. Ce que montre cet épisode rapporté par Tacite, un demi-siècle plus tard, c'est qu'à cette époque, environ trente ans après la mort du Christ, il y avait déjà à Rome une communauté de chrétiens, suffisamment nombreuse pour qu'elle soit bien identifiée comme telle et considérée comme suffisamment « hors du système social » pour être désignée comme bouc émissaire à cause de son attitude, quel que soit son rôle réel dans le désastre.

En 304, le nombre de chrétiens dans l'empire, y compris dans les plus hautes fonctions civiles et militaires, est suffisamment élevé pour que l'empereur Dioclétien accepte de lancer une nouvelle persécution contre ceux-ci, active surtout en Asie.

Après le retrait volontaire de Dioclétien du pouvoir en 305, la guerre fait rage entre ses successeurs possibles au sein du système tétrarchique qu'il a instauré. En 312, Constantin, dont la mère, Hélène, était déjà connue comme chrétienne, bat son rival Maxence au pont Milvius et l'année suivante, par ce que l'on a appelé l'édit de Milan, il autorise la pratique du christianisme dans l'empire. Par son action propre, il facilitera largement celle-ci.

Entre 392 et 395, sous l'empereur Théodose, le christianisme, devient la religion officielle de l'Empire romain.

Les raisons de cette progression rapide sont diverses et ont été largement commentées. L'une d'entre elles nous intéresse particulièrement ici.

La formation du dogme chrétien et des canons qui constituent les bases de la religion par interprétation des paroles du Christ, telles qu'elles avaient été reçues et transmises a été longue et difficile. De nombreuses questions théologiques ont fait s'affronter les tenants de diverses interprétations ; le Christ a-t-il délivré son message uniquement pour les Juifs ou pour tout le monde ? A-t-il vraiment eu une nature humaine ou seulement son apparence ? Que penser du dogme de la Trinité, etc. ?

Parmi ces nombreux débats, il y en a un particulièrement âpre qui se développe au IIème siècle.

Si, et puisque, la religion chrétienne s'adresse aux peuples de toutes les nations et non seulement à la nation juive, ne faudrait-il pas effacer de son contenu toute la tradition hébraïque avec les textes correspondants ?

Un certain Marcion, venu d'Asie à Rome, est, notamment, le porte-parole de cette position. Dans son interprétation, largement influencée par les positions de Paul, il gomme toute référence aux textes anciens, par opposition, par exemple, à Saint Matthieu dans l'Evangile duquel les références à l'Ancien Testament sont fréquentes. Luc, disciple de Paul, mais qui n'était pas juif avait déjà, discrètement, adopté une position qui pouvait s'en rapprocher dans son Evangile et dans les Actes des Apôtres. Mais Marcion est, semble-t-il, beaucoup plus radical. Marcion, est le premier à composer un recueil de textes canoniques, qui comprend 11 textes dont les principales lettres de Paul. Cette œuvre, elle-même ne nous est pas parvenue, mais on en connaît l'esprit par l'âpreté des débats qu'elle a suscitée[19]. Les Marcionites ont été nombreux, notamment en Asie.

Cette thèse a été abandonnée. Pourquoi ?

Il semble bien que ce soit, finalement, une raison de bon sens qui l'ait emporté.

Convertir un Romain qui pourtant est avide de dieux nouveaux[20] en lui expliquant que le dieu qu'on lui propose n'est qu'un condamné à mort récent par l'administration romaine elle-même ne paraissait guère crédible.

En revanche, souligner que la vie du Christ s'inscrit dans une tradition multimillénaire rapportée par les textes saints hébreux, cela avait une tout autre allure.

C'est finalement ce dernier dogme qui s'est imposé, reprenant une formule fréquente chez Saint Matthieu : le Christ a agi : « *selon les Ecritures* » ou « *comme l'ont annoncé les prophètes.* »

A partir du moment où la vie du Christ est un accomplissement des textes anciens, ces derniers sont adoptés, ipso facto, pour tous les chrétiens, qu'ils soient d'origine juive ou non. Ils restent des textes sacrés pour les chrétiens comme pour les juifs. Il faudra attendre le concile de Nicée en 325 pour que cette adoration du Livre ancien prenne une signification un peu différente pour les uns et pour les autres.

La conséquence directe sur notre sujet est que l'ensemble du monde chrétien adopte la vision biblique de la Création du monde, par Dieu, un dieu unique, et en six jours.

Partagée conjointement par les juifs et les chrétiens, cette vision sera adoptée, naturellement, par l'Islam quand

---

[19] Bart Ehrman, *Les christianismes disparus*, pp. 170-180.

[20] Eusèbe de Césarée rapporte même une tradition par laquelle l'empereur Tibère aurait été tenté de faire adopter par le Sénat un décret incluant le Christ dans la liste des dieux officiels. Car il appartenait au Sénat alors de décider qui était dieu ou non.

il se formera dans un contexte imprégné de ces deux religions.

Cette conception est devenue quasi universelle, du moins pour toutes les civilisations issues du bassin méditerranéen, pendant près de 1500 ans.

Alors se pose vraiment la question de savoir si la vision philonienne métaphorique, plus ou moins inspirée des doctrines platoniciennes de la création du monde est propre à Philon ou si sa vision s'est plus largement imposée. En d'autres termes que faut-il penser des six jours ?

La réponse n'est pas totalement évidente, car ce point particulier ne fait pas vraiment débat au début (il y a, à cette époque, bien d'autres sujets de controverses et d'occasions de traiter d'hérétiques ceux qui sont d'une opinion opposée à la sienne).

On peut simplement souligner deux éléments.

D'une part, au sein des juifs, la position du personnage Philon est éminente. On en a le témoignage lorsque, à la suite de différends lourds entre les juifs et l'empereur Caligula, il est décidé d'envoyer une délégation à Rome pour exposer à celui-ci la vision des juifs. Philon est naturellement désigné comme chef de la délégation. On en a le compte rendu détaillé dans son ouvrage : « *Legatio ad Caium* ».

D'autre part, les exégèses de la patristique ont montré l'importance de l'influence de la pensée de Philon sur l'œuvre des pères de l'Eglise.

Un des premiers pères apostoliques, Barnabé, dans son Epitre, datée du deuxième siècle, balaie la notion de 6 jours, stricto sensu, par une phrase sans équivoque : *« Faites attention, mes enfants, à ce que signifient ces mots : « il acheva son œuvre en 6 jours », cela veut dire qu'en six mille ans, le Seigneur achèvera toute chose, car pour lui un jour signifie mille années… »*[21] Cette notion de 1000 ans est tirée des psaumes qui soulignent par cette égalité la pérennité de l'œuvre de Dieu[22]. Il est clair qu'ils auraient pu annoncer, sans trahir cette pensée 1 jour égal 1000 ans ou plus.

Eusèbe de Césarée, de son côté, premier historien de l'Eglise (fin IIIe, début IVe siècle), apprécie la méthode allégorique de Philon : *« Abondant en paroles, large dans ses conceptions, élevé et sublime dans les contemplations sur les écritures divines, »* [23] écrit-il, plein d'emphase.

Les premiers grands écrivains chrétiens poursuivent naturellement dans la lignée interprétative de Philon.

Saint Augustin lui-même, qui admet l'Ancien Testament comme un texte historique, souligne son aspect didactique d'abord et ne semble pas s'insurger contre une interprétation qui pourrait être de type philonienne.

Les Pères de l'école d'Alexandrie, Clément et Origène admettaient une interprétation symbolique des jours génésiaques. Pour les pères Cappadociens, Saint Basile admet des jours de 24 h, mais son frère, Saint Grégoire de Nysse, évite de se prononcer sur la durée de ces jours et son explication de la Genèse, qui montre la matière évoluant selon les lois posées par le créateur est étonnamment moderne. Les Pères latins sont en général plus proches de la lettre du texte. Toutefois, Saint Ambroise se rapproche de Saint Basile et Saint Augustin d'Origène[24].

Est-ce à dire que les pères de l'Église grecque (la patristique grecque développe, en général, une vision

---

[21] Inséré dans le recueil du texte intégral des *Père Apostoliques,* Edition du Cerf, 2011, p.302

[22] Psaume 90 Ed. Bible de Jérusalem

[23] *Histoire ecclésiastique*, Les éditions du cerf, Paris, 2003, p. 119.

[24] Fulcran Vigouroux, *La Cosmogonie Mosaïque d'après les Pères de l'Eglise,* dans « *Mélanges bibliques* », Paris, 1889.

moins rationnelle et plus mystique que les Pères latins) envisagent, comme possible, une création du monde sur un temps long ? On ne saurait ni l'affirmer, ni même le penser, car, sans doute cette question de la durée réelle de la création n'existait pas vraiment pour eux. Seule la signification métaphorique du texte sacrée avait une réelle importance.

C'est sur cette vision souple que se termine ce qu'on appelle l'antiquité tardive.

5 – Une longue maturation de la rationalité

La transition entre antiquité tardive et haut moyen âge est marquée, en occident, par l'acceptation des outils de la rationalité philosophique de l'antiquité pour l'analyse de la théologie chrétienne.

Cette acceptation est largement le fruit de la pensée augustinienne.

Il n'est que de comparer l'attitude de deux des quatre Pères de l'Église latine ; Saint Augustin et Saint Gérôme, pour apprécier combien ce passage n'était pas évident à cette époque, au début du Vème siècle.

Tous les deux étaient issus de familles traditionnelles et avaient reçu l'enseignement classique des enfants de famille patricienne, largement basé sur la rhétorique apprise auprès des meilleurs pédagogues sophistes de l'époque. La logique platonicienne, notamment, leur était donc familière.

Saint Jérôme, après sa conversion, faisait des cauchemars à l'idée d'utiliser des instruments de païens pour apprécier l'œuvre de Dieu. N'y tenant plus, il préféra se réfugier en Palestine et dans le dénuement, où il fonda deux communautés religieuses (une d'hommes et une de femmes) pour rédiger son œuvre majeure, commandée par le pape Damase Ier, qu'est la traduction de la Bible en latin, œuvre connue sous le nom de Vulgate. Bon connaisseur du grec, peut-être un peu moins de l'hébreu, il s'inspire essentiellement de la version grecque de la

Septante lorsque des divergences apparaissent d'avec la version hébraïque.

Saint Augustin n'a pas ces réserves. Il n'hésite pas à utiliser les outils que lui a procurés son éducation de jeunesse païenne pour les mettre au service de la glorification de Dieu. Sa « Cité de Dieu » est conçue selon les meilleurs procédés de la rhétorique classique. Il commence par ridiculiser la partie adverse, à savoir le paganisme romain, avec une verve qui se rapproche souvent de l'humour féroce. Il décrit, per exemple, avec délice, par le menu, tout le ridicule qui s'attache à des croyances qui amènent jusqu'à douze dieux différents dans la chambre nuptiale pour soutenir un jeune couple durant sa nuit de noces. Puis, après avoir tué l'ennemi, déjà bien malade à son époque, il s'attache à commenter et glorifier l'œuvre de Dieu suivant une logique et des arguments que n'auraient pas désavoués ses meilleurs maîtres, voire Platon lui-même. Il considère la Bible comme un livre historique même si sa portée va bien au-delà des faits même. C'est la signification profonde de ceux-ci qui compte. Ce qui n'empêche pas qu'ils doivent être analysés rigoureusement. A titre d'exemple, considérant, entre autres, que les anges de dieux sont plusieurs fois mentionnés dans l'Ancien Testament, il s'attache dans un long paragraphe à comprendre à quel moment ceux-ci ont pu être créés par Dieu, alors même qu'ils ne sont pas mentionnés lors des six jours de la Création de tout l'Univers. Il trouvera la solution dans un écrit à part.

L'influence de la pensée augustinienne fut immense durant tout le moyen-âge.

C'est largement à lui que l'on doit la possibilité de raisonner, « rationnellement », on pourrait presque dire « scientifiquement », sur des questions qui sortent largement du cadre de ce que l'on appelle aujourd'hui « La Science », à savoir, la métaphysique et la théologie.

Cette méthode guide la pensée scolastique qui, certes, s'intéresse essentiellement à des questions immatérielles, mais tente souvent de les aborder avec toute la rigueur théorique possible. L'exemple le plus frappant est sans doute représenté par Saint Thomas d'Aquin. Celui-ci passa le plus clair de sa vie à tenter de démontrer l'existence de Dieu et de son œuvre par la raison. Certes il ne nie pas que pour l'homme de faible culture on ne peut atteindre Dieu que par la foi, mais il affirme que par la raison pure on peut avancer sur le chemin de la connaissance de Dieu jusqu'à un certain point. La question fondamentale reste pour lui, à partir de quel moment (le plus loin possible) la raison humaine devient insuffisante et seule la foi permet de terminer l'approche réelle de Dieu.

A partir du XIIe siècle, ce mode de raisonnement commence à s'appliquer également à la recherche de l'explication de la nature. On a parlé de renaissance du XIIème siècle.[25]

A partir de ce moment, dans certains milieux, l'école de Chartres notamment, des théologiens, tout en respectant la Bible comme parole de Dieu, se mettent à l'interpréter d'une manière rationnelle. Parmi ceux-ci, Guillaume de Conche (1080 -1145) va très loin. Si la raison d'une chose qu'affirment les Saintes Ecritures nous échappe, dit-il, nous devons nous confier au Saint-Esprit et à la foi. Mais il faut commencer par chercher et le recours au Saint-Esprit ne doit pas servir d'alibi à la paresse intellectuelle. Vraiment, il est trop facile de recourir à Dieu en toutes circonstances et de se réfugier dans une lâche humilité. Dans son militantisme scientifique il va jusqu'à affirmer que, certes, il sait bien que Dieu est tout puissant

[25] Charles Homer Haskins, *The renaissance of the twelfth century*, Harvard University Press, 1928.

et qu'il a la capacité de transformer un tronc d'arbre en veau s'il lui en vient le désir, mais qu'il puisse le faire n'indique pas pour autant qu'il le fasse réellement.

D'autres Chartrains ont développé des idées analogues, comme Thierry de Chartres (mort vers 1150) ou Jean de Salisbury (1110-1180)[26].

Une mention particulière doit ici être faite de Pierre Abélard (1079- 1142), bien connu pour ses mésaventures amoureuses avec Héloïse, moins connu pour sa capacité de raisonnement rigoureuse. Il formula la nécessité du doute systématique. Il affirmait que Dieu avait créé la nature de telle sorte qu'elle put elle-même produire ses effets sans intervention d'un quelconque pouvoir extérieur.

Une telle affirmation ne faisait guère avancer la connaissance, mais elle était nécessaire pour permettre le développement des « Sciences de la Vie et de la Terre, » SVT comme on dit de nos jours.

Ce type de réaction est parfaitement caractéristique d'une pensée qui sait déjà, à une époque où pourtant les miracles, réels ou supposés, sont encore légions, parfaitement travailler sur la manipulation des concepts, qu'ils portent sur du réel ou sur de l'immatériel.

De fait, on observe durant une large partie du Moyen Age une réelle liberté de penser laissée par la hiérarchie ecclésiastique et qui s'exprime au travers de débats dans lesquels se mêlent les données, en l'occurrence les sources écrites des Saintes Ecritures et des auteurs reconnus, Pères ou Docteurs de l'Eglise, et leur manipulation théorique. La vigueur des débats dont les textes nous sont parvenus en est bien représentative. Bien sûr, lorsque les conclusions vont un peu trop loin, par rapport au dogme officiel, des sanctions existent. L'exemple d'Abélard est là pour nous

---

[26] Sur ce point voir article *La Recherche* n° 136, septembre 1982, pp. 1019-1033.

le rappeler, lui qui a été muté comme abbé dans un monastère de Bretagne où il faillit être tué par ses propres moines. Mais il en est revenu.

Dès le XIe siècle, ces pensées un peu trop novatrices avaient trouvé leurs contradicteurs. Pierre Damien, par exemple, estimait que Dieu devait échapper aux exigences de la pensée logique. Mais ces réserves ne freinèrent pas ce mouvement de réflexion rationnelle qui trouva un espace de liberté.

Il faut attendre le XIIIème siècle pour que certaines libertés d'interprétations deviennent menaçantes pour l'autorité même de l'église et qu'alors des sanctions interviennent. Des représailles, souvent sanglantes, apparaissent (Albigeois, en France au XIIIe ou Dulcinisme[27] en Italie au XIVe siècle). L'ordre franciscain, lui-même failli être dissous pour avoir, trop ostensiblement, posé la question de savoir si le Christ était pauvre ; allusion à peine voilée au train de vie de la haute hiérarchie ecclésiastique.

Qu'à la fin du Moyen Age il y eut des violences inouïes à l'égard de ceux que l'Eglise considérait comme hors de la foi officielle n'empêche nullement que pour les condamner il fallait faire une démonstration rationnelle de la fausseté des opinions dénoncées. Il suffit de rappeler les efforts de rhétorique considérables que l'évêque Cauchon dut déployer devant les juges de Jeanne pour qu'elle soit convaincue de sorcellerie, alors même que dès sa livraison

[27] Fra Dolcino, défendait la théorie des trois âges : La loi de rigueur et de justice apportées par Moïse, la loi de sagesse donnée par Jésus Christ et la loi de charité qui est la loi du Saint Esprit et qui commence avec lui, Dolcino. Cette doctrine l'amène tout naturellement à vouloir réformer les mœurs de l'Eglise dans un sens de plus de charité. Son action est vite détournée vers une volonté de tuer tous les clercs. La révolte qu'il mena se termina par une véritable croisade contre lui et ses affidés (plusieurs milliers) et un bain de sang. Il fût torturé et brûlé avec sa femme Marguerite en 1307.

aux Anglais par les bourguignons, sa mort était déjà « politiquement » décidée.

Or, il advint que, dans ce contexte, la question de la formation du monde qui aurait pu être posée en termes « rationnels » ne faisait pas question et ne fût qu'épisodiquement évoquée. Fallait-il considérer les sept jours comme une réalité tangible ou une allégorie ? Il n'y avait, sur le fond, aucune raison, pratique ou raisonnablement nécessaire, de se poser la question. Certains y pensaient pourtant encore. Bède le Vénérable vivait entre 672 ou 673 et 735. Il est l'auteur de la première histoire ecclésiastique de l'Angleterre. Il a été proclamé Docteur de l'Eglise en 1899. Il admettait explicitement un long intervalle entre la création de la matière et son organisation.

Il convient également de souligner qu'à cette époque apparaît l'Islam. Mahomet meurt en 632 et, moins d'un demi-siècle plus tard, tout le Moyen-Orient est sous domination militaire arabe.

L'Islam intègre le Pentateuque dans son référentiel sacré. Donc, dans la religion musulmane, explicitement, le monde est créé en six jours. Mais une particularité surgit. La durée du jour n'est pas vraiment figée. Le Coran la mentionne en deux endroits[28].

Très logiquement, la sourate 32, verset 4 affirme bien : « *Dieu est celui qui a créé en six jours les cieux, la terre et ce qui se trouve entre les deux ;* » la formule qui mentionne les six jours revient sept fois dans le Coran.[29]

La sourate 70, verset 4 dit : *« Les Anges et l'Esprit montent vers lui en un jour dont la durée est de 50 000 ans. »*

La sourate 32, verset 5 dit : *« Du ciel il dirige toute chose sur la terre puis tout remontera vers lui en un jour*

---

[28] *Le Coran,* dans l'édition de la Pléiade NRF. 1967.
[29] *Id.* Note 54 de la Sourate 7, page 836.

dont la durée sera de mille ans d'après votre manière de compter. »

On comprend alors pourquoi les débats ultérieurs sur la longueur de la formation du monde n'ont frappé que marginalement et seulement très récemment la majeure partie du monde musulman. Cette conception très élastique de la durée de la journée complique singulièrement la tâche de celui qui voudrait calculer. Il faut en rester au principe, ou à la métaphore.

A partir du XIIe siècle, certains écrits grecs antiques, traduits en arabe au cours des deux siècles précédents par des chrétiens orientaux, à même de manipuler les deux langues, sont, à leur tour, traduits de l'arabe en latin ; en particulier les écrits de médecine de Gallien et d'Hippocrate. Il y eut des passeurs de la pensée arabe vers la pensée occidentale. Abelard de Bath en est un bon exemple.

On aurait pu imaginer que dans ce contexte cette conception « élastique » de la journée soit traduite dans la pensée latine occidentale d'une manière ou d'une autre. Apparemment ce n'est pas le cas et si des influences ont été clairement repérées entre les deux cultures, elles n'ont pas touché ce domaine. Il ne semble donc pas que la tradition Philonienne, encore présente jusqu'à Bède le Vénérable ait été renouvelée par le frottement avec la culture islamique.

En somme, le Moyen-Age se termine avec une vision plus étriquée de la Genèse que lors de son commencement. Le monde a été créé en 6 jours et le septième, Dieu se reposa. Une journée doit bien durer 24 heures.

Simplement, l'habitude de raisonner s'imposait progressivement même si les sujets d'étude étaient « non-rationnels. » A la fin du Moyen-Age, ces outils sont suffisamment rodés pour pouvoir s'appliquer à un tout autre domaine qu'à l'étude de la parole de Dieu seulement ou principalement. Ce sera le rôle de la Renaissance que de passer de l'écoute de la parole de Dieu au regard vers la nature. Simplement alors, les outils de réflexion seront disponibles pour analyser cette nature que l'on regardera avec attention et des moyens techniques plus évolués.

6 – Il faut savoir compter

La Renaissance couvre un phénomène de grande ampleur et aux conséquences lourdes : la Réforme.

En 1517, Luther affiche à Wittenberg ses 95 thèses qui sont considérées comme le manifeste de la Réforme. Il s'attaque directement à l'aspect ploutocratique de l'Eglise Catholique Romaine, en particulier au scandale de la vente des indulgences pour financer la reconstruction de la basilique de Saint Pierre à Rome. En 1520 il réitère sa diatribe de manière plus construite en publiant sa lettre à la noblesse allemande[30]. Il y démonte avec délice tous les mécanismes par lesquels Rome réussit à extorquer de l'argent aux Allemands, car elle considère ceux-ci comme suffisamment benêts pour tomber dans le piège. Le tour de passe-passe suprême étant, d'après lui, la formulation du dogme dit « de l'infaillibilité pontificale » qui permet de s'assurer du bon droit du pape quand celui-ci réclame de nouvelles ressources financières.

Rapidement, cette attaque frontale qui se situe sur un plan très matérialiste est relancée par des débats théologiques, d'abord par Luther lui-même puis par une série de grands esprits à travers toute l'Europe ; Calvin, Mélanchton, Thomas More, Zwingli… Prédestination, rédemption par les œuvres ou par la grâce, transsubstantiation lors de l'Eucharistie font l'objet de

---

[30] *A la Noblesse chrétienne de la nation allemande touchant la réformation de la Chrétienté*, par le Dr martin Luther. L'édition utilisée est celle de 1879, librairie Sandoz et Fischbacher, Paris.

débats intenses qui ne sont, pour certains, toujours pas clos de nos jours.

Ces attaques prennent aussi très vite un tour politique aux conséquences immenses pour l'Europe ; scission de l'Allemagne en deux zones d'influence, guerre de Trente Ans...

Un des thèmes communs à tous ces mouvements, d'apparence plus anodine, a une répercussion importante sur notre sujet.

Tous les réformés, anglicans, luthériens ou calvinistes, insistent (voire obligent par la force) sur la lecture des textes sacrés dans la langue vernaculaire et non plus dans le seul latin. En effet, durant tout le Moyen-Age seul le latin avait cours et, par nécessité d'abord, par principe plus tard, seuls les clercs, instruits, pouvaient lire ces textes. Et par voie de conséquences, ils étaient devenus les seuls à pouvoir les commenter et les expliquer au peuple. Compte tenu de la centralisation de l'Eglise romaine, cette méthode garantissait une certaine unité doctrinale. A partir du moment où il y a une contestation de cette tutelle et de cette doctrine, il devient important que ces textes soient mis à disposition de chacun en direct et donc dans la langue locale. Luther lui-même traduit la Bible en allemand. Henri VIII impose que seules des bibles en anglais soient présentes dans les églises ainsi que chez les particuliers, sous peine de sanctions sévères. Dans le même temps, l'Eglise romaine, lors du concile de Trente, soutient que la Vulgate, c'est-à-dire la traduction de Saint Jérôme, en latin, est la seule version faisant foi, au sens propre du terme.

Cet élément participe au fait que si, au sein du christianisme, l'Eglise Catholique a pu garder une vision unitaire du dogme, les autres mouvements réformés se sont aisément séparés en groupes, églises ou sectes, indépendantes aujourd'hui encore, avec toutes les variantes théologiques et liturgiques possibles.

La conséquence pratique en est que l'étude même des textes est, naturellement, plus aisée, et plus accessible à tous les esprits intéressés et cultivés chez les réformés qu'aux adhérents de l'Eglise romaine. Certes, les théologiens catholiques ont suivi ce mouvement, mais plus tardivement et, à la fin du XIXe siècle, il apparaît clairement que les études exégétiques de la Bible sont plus développées chez les réformés que chez les catholiques.

Parmi ces études et exégèses se trouve, tout naturellement, le décompte de l'âge du monde.

Depuis l'antiquité tardive, c'est-à-dire après que l'Ancien Testament eût été intégré dans le dogme chrétien, les pères et docteurs de l'Eglise avaient remarqué qu'il était possible, en comptant la durée de vie de chacun des patriarches depuis Adam, avant et après le déluge, et en sachant à quel âge ils avaient eu des enfants, précision généralement présente dans le texte, de calculer la durée du monde depuis le sixième jour, date de la création du premier homme, jusqu'à la naissance de Jésus Christ.

Saint-Jérôme dans ses chroniques avait fait un premier calcul. Isidore de Séville, au début du VIIe siècle, reprenant celui-ci annonce une durée supérieure à 5000 ans. La gloire qui s'attachait à lui, après qu'il obtint la conversion des Wisigoths espagnols, ariens jusqu'alors, au christianisme orthodoxe (c'est-à-dire au dogme trinitaire défendu par la papauté) fit que, lorsqu'un peu plus tard Bède le vénérable, déjà mentionné, annonça un résultat de 3 952 ans, il se fit convoquer pour s'expliquer sur sa différence avec Isidore.

Avec les temps modernes, ce type de calculs se multiplie et les résultats s'ajoutent les uns aux autres, sans qu'aucun ne soit vraiment identique. Il faut dire que selon que l'on scrute les éléments présents dans la Bible hébraïque ou dans le Septante, des divergences apparaissent déjà.

Reprenons la synthèse impressionnante tentée par Louis Moreri, au milieu XVIIe siècle dans son gigantesque dictionnaire historique « ou le mélange curieux de l'histoire sacrée et profane, qui contient en abrégé, les vies et les actions remarquables… » en dix volumes[31]. Il arrive à une soixantaine de systèmes de datation différents.

Conséquence de tous ces calculs, il semble que de la création du monde jusqu'au déluge il y ait un consensus autour de 1 656 années.

Par contre les résultats pour la suite divergent.

Le père Petau compte 3 984 ans depuis la création du monde jusqu'à l'ère chrétienne, découpés en 6 périodes.

Le père Labbé, lui distingue sept âges. Le total depuis la création du monde jusqu'à l'ère chrétienne donne 4 053 ans.

La Chronologie moderne qui suit la Septante est plus longue. Il faut 2 256 ans pour arriver au déluge et 5 872 ans au total pour arriver à l'ère chrétienne.

Usserius est le plus précis. Il établit que la création du monde se fit un 23 octobre. Il découpe également l'histoire en sept périodes, dont la première qui va jusqu'au déluge dure bien 1 656 ans. Ainsi, selon lui, depuis la création du monde jusqu'au 25 décembre à minuit, naissance du Christ, on trouve 3 999 années juliennes, deux mois, deux jours et six heures.

En fait, Usserius est le nom latinisé de James Ussher (ou Usher), évêque anglican (1581-1656), calviniste convaincu, anti-catholique viscéral, auteur de nombreuses études sur la Bible. Sa chronologie du monde, telle qu'elle a été retenue par la suite, affiche 4 004 ans. Cette

---

[31] Utilisé ici, le premier tome de la dix-huitième édition de 1740 à l'article « Ages du monde. »

chronologie dans la jungle des études sur ce sujet est souvent considérée comme « La » référence. Elle est la plus couramment utilisée.

A partir du moment où cette datation de l'ancienneté du monde est actée, elle entre dans les esprits sous la double conviction de la religion, car elle vient de l'étude des textes sacrés, et de la science, car elle est le résultat d'un décompte parfaitement arithmétique. Les débats continueront entre partisans de cette chronologie courte et ceux d'une chronologie plus longue, chacun s'appuyant sur une version particulière de la Bible, Septante ou Bible hébraïque, sachant que cette dernière a été un peu reprise par rapport à la première version antérieure à la naissance du Christ. Cette relecture du texte saint par les rabbis des premiers siècles de notre ère fut une belle occasion d'accuser les juifs d'avoir falsifié le texte sacré. Il convient de rappeler qu'aujourd'hui encore le calendrier juif officiel place l'année civile 2011-2012 comme l'année 5 772 de la création du monde, ce qui fait une ancienneté de la terre à la naissance du Christ de 3 760 ans.

Par-delà ces débats de décompte, l'idée que la terre est vieille de quelques milliers d'années (disons entre 4 et 6) lors de la naissance du Christ devient une conviction forte et bien pratique pour organiser et raconter l'histoire du monde.

Un bon exemple nous en est fourni par un ouvrage de Bossuet. Celui-ci fut nommé précepteur du dauphin Louis fils de Louis XIV en 1670. Le Dauphin avait alors 10 ans. L'orateur brillant qu'était l'évêque, pas encore nommé à Meaux, était peu adapté à un si jeune esprit. Sa tâche se termina 10 ans plus tard et ce n'est qu'en 1681 que Bossuet fit paraître ce qui aurait dû participer à l'éducation de l'enfant ; une histoire universelle[32] .

[32] *Discours sur l'histoire universelle* de Bossuet.

Dans ce texte, Bossuet, en parfait accord (sur ce point) avec les théologiens réformés, prend la chronologie d'Ussher comme base du déroulement chronologique de l'histoire du monde qui acquière sous sa plume une cohérence globale admirable.

Il y a un petit nombre « d'époques » dans l'histoire ancienne :

Adam ou la création ; 4004 (av. J.-C.)

Noé ou le déluge ; 2348

La vocation d'Abraham, ou le commencement de l'alliance de Dieu avec les hommes ; 426 ans après le déluge, soit 1921

Moïse ou la loi écrite ; 1491

La prise de Troie ; 1184

Salomon ou la fondation du temple ; achevé en 1004

Romulus, ou la Rome bâtie ; 753

Cyrus, ou le peuple de Dieu délivré de la captivité de Babylone ; 536

Scipion ou Carthage vaincue ; 202 (av. J.-C.)

La naissance de Jésus-Christ ; l'an 4000 de la création du monde *(Bossuet souligne ici qu'il y a débat sur la date réelle de la naissance du Christ à quelques années près)*

Constantin, ou la paix de l'église ; 312 (apr. J.-C.)

Charlemagne, ou l'établissement du nouvel empire ; 800 *(couronnement de Charlemagne par le pape Léon III)*

Ce système permet de conjuguer à merveille la chronologie des temps bibliques avec celle des périodes historiques qui commencent, à l'époque de Bossuet, avec la fondation de Rome en 753 (date varonienne) av. J.-C. et de présenter l'histoire antique avec une merveilleuse précision (fin de la construction du temple de Salomon en 1004 !)

Une telle approche, parfaitement située au confluent de la foi et de la science, ne laisse plus place au doute (aux erreurs de calculs près !) ni à l'interprétation. On est alors bien loin de l'approche allégorique philonienne et des premiers pères de l'Eglise.

Cette certitude qui s'ancre va durer.

L'édition du *Discours sur l'histoire universelle* de Bossuet publiée à Paris par la librairie Hachette en 1886 se fonde encore totalement sur cette approche. La préface insiste sur l'intérêt de l'ouvrage pour l'apprentissage de l'histoire. *« Ce livre, exigé en seconde, devrait, à notre avis, être le manuel des élèves de toutes les classes, même de la sixième »*[33]. Certes, cette préface avait été écrite en 1841, à une époque où l'on savait lire l'écriture hiéroglyphique égyptienne, mais pas encore les langages écrits en cunéiforme. Il n'empêche ; elle a été reprise intégralement 45 ans plus tard, à une époque où l'on avait déjà pu lire un grand nombre de textes issus de la Mésopotamie ancienne qui auraient pu ouvrir certains esprits à une plus grande longueur de l'histoire ancienne.

Cette édition de 1886 apporte pourtant une modification au texte de Bossuet pour l'adapter aux dernières évolutions de la connaissance, également annoncée dans la préface : *« Au milieu de plus de deux cents systèmes de chronologie qui se sont élevés pour fixer les époques de la création, nous avons adopté celui qui place la naissance de Jésus-Christ à l'an du monde 4963 ; et comme nous avons conservé la date primitive de Bossuet, le système d'Ussérius et celui des continuateurs de « l'Art de vérifier les dates » se trouveront ainsi en présence. Ils seront toujours séparés par un trait. »*

Effectivement, chaque évènement à commencer par la création du monde donne simultanément la date choisie par Bossuet, suivi immédiatement de celle de *l'Art de*

---

[33] *Op.cit.* p. VI.

Vérifier les dates (cet ouvrage s'inscrit dans une tradition bénédictine postérieure à Bossuet[34]). Ainsi les élèves auront un manuel d'histoire parfaitement à jour, à une époque où, comme nous le décrirons plus bas, naturalistes, géologues et physiciens se battent déjà à coup de millions d'années sur l'âge de la terre.

On peut comprendre la difficulté qu'il y aura à faire évoluer une telle conception, si bien étayée et encore bien présente à la fin du XIXe. Et pourtant…

[34] Cet ouvrage a été publié pour la première fois en 1750 par un religieux de la congrégation de saint Maur. Très suivi, il connut trois éditions, la dernière en 1818, suivi d'une *Suite de l'art de vérifier les dates,* parue en 1837.

7 – Quelque chose ne va pas !

Au même moment où le système de datation du monde s'affine avec une précision remarquable et s'ancre dans les esprits, le monde occidental issu de la Renaissance commence à regarder l'univers qui l'entoure. Les découvertes techniques facilitent les choses. Lunette astronomique pour voir le très grand, microscope pour voir le très petit et caravelles remontant au vent pour voyager et voir loin.

L'état d'esprit se libère de certaines contraintes de pensées. Même si les résultats ne sont pas immédiatement au rendez-vous, cette libération ouvre des possibilités nouvelles pour les découvertes de l'avenir. Le Moyen Age avait préservé la pensée rationnelle, héritée de l'antiquité, mais, la pression des grands anciens bloquait la réflexion constructive. Ce qu'Aristote n'avait pas écrit dans sa somme monumentale, ne devait pas exister. Ce que les médecins grecs avaient avancé devait être regardé comme la base de toute connaissance du corps humain. L'alchimie tenait lieu de science expérimentale et ses règles propres se devaient d'être respectées.

Heureusement, certains acceptent de passer outre. Ils ne disent pas forcément des choses sages, mais en cassant des mythes ils ouvrent la voie au renouveau et au progrès.

Paracelse était, ou se prétendait, médecin. Il se trompa dans toutes ses théories médicales, mais en critiquant systématiquement les auteurs anciens, Hippocrate et Gallien notamment, qui n'étaient durant tout le Moyen Age que la seule référence, il ouvre la voie à une médecine moderne. Giordano Bruno déclarait de son côté que

« l'univers est infini et il existe une infinité de mondes analogues au nôtre ». Il n'en fallut pas plus pour qu'il soit brûlé à Rome en 1600. Il avait peut-être raison dans certaines de ses affirmations, mais ne savait pas pourquoi. Ce n'est pas une raison suffisante pour mettre quelqu'un sur un bûcher, mais ce n'est pas non plus parce qu'il a été brûlé vif qu'il était un scientifique comme certains pourraient être tentés de le croire, encore de nos jours. En fait il s'agit de la dernière personne à périr brûlée pour avoir soutenu des opinions théologiquement inacceptables au sein de l'Eglise catholique. Les calvinistes de Genève continueront jusqu'en 1652, date à laquelle Michèle Chauderon fût brûlée pour sorcellerie parce qu'elle avait pratiquée la médecine en soignant des enfants avec succès. Cette efficacité sentait le soufre !

Mais ce n'est pas en brûlant quelques têtes chaudes que l'on vit la fin des débats doctrinaux entre « la Science » et l'Eglise.

L'alchimie reste une pratique courante au XVIe et XVIIe siècle. Newton lui-même croyait à la transmutation des métaux et ses papiers personnels gardent la trace de ces croyances. Mais il eut l'intuition de la gravitation universelle. Plus généralement l'alchimie et ses méthodes expérimentales, parfois contestables, ouvrent la voie au spagirisme et à la chimie. Galilée s'est vu reprocher par les historiens des sciences modernes un manque de précision dans la description des résultats de ses expériences, mais il faisait des expériences et d'autres l'ont suivi[35].

---

[35] Voir Articles dans *La Recherche*, « Isaac Newton un alchimiste pas comme les autres » par Pierre Thuiller,
juillet-août 1989.
En juillet 2006, un colloque tenu à Philadelphie a repris ce thème ; voir le dossier dans le numéro de février 2008 de *La Recherche,* « Galilée et l'expérimentation », Pierre Thuillier, avril 1983.

En somme pendant deux siècles, la compréhension des phénomènes naturels n'évolue guère, car les méthodes de la recherche sont encore largement en gestation. Par contre l'observation du monde, parfois débridée, devient souvent une fin en soi.

C'est l'époque des cabinets de curiosité. Des hommes éclairés, plus savants que d'autres, parfois pour étonner leurs proches plus que par goût de la science, collectionnent tout ce qu'ils trouvent ou qu'on leur apporte spontanément de choses étranges et nouvelles, dans tous les domaines ; minéraux, plantes, animaux exotiques… Pierre le Grand à Saint Petersbourg collectionnait les monstres humains. Il faisait rechercher dans toute la Russie toute personne dotée d'une étrangeté ; géants, nains, siamois… Il les conservait ensuite dans de grands bocaux de formol dans un musée qu'il faisait visiter avec plaisir à ses hôtes. Lui-même était persuadé qu'ainsi il contribuait à l'évolution des connaissances.

De manière plus humaine, Nicolas Peresc, noble du sud de la France, avait constitué un cabinet à Aix en Provence avec toutes sortes d'animaux, empaillés ou fossiles, de plantes et de minéraux. Il regardait aussi le ciel comme Copernic, Tycho Brahé, Kepler ou les femmes savantes de Molière.

Cette mode amena la puissante famille Borghèse à intégrer à Rome dans ses splendides collections de peintures et de sculptures un crâne d'éléphant ainsi qu'un crâne d'hippocampe.

Un personnage parfaitement typique de cette mode qui consistait à toucher à tous les domaines à la fois, au motif que seule une vision complète des choses permet la réflexion et l'analyse, est sans doute, le père Athanase Kircher (1602-1680). Jésuite allemand, il a prétendu avoir

---

Voir aussi, *Id.* « Martyr de la science ou illuminé ? Le cas Giordano Bruno » Pierre Thuillier, avril 1988.

des idées sur tous les sujets scientifiques, ou moins scientifiques, possibles ; mathématiques, optique, physique, mécanique, traduction des hiéroglyphes égyptiens, comment faire naître un basilic (monstre hybride mi-coq, mi-serpent) ou faire renaître une plante de ses cendres ! Bref l'esprit universel type de cette époque.

Il a écrit plus de 50 ouvrages sur tout (et en particulier sur ce qu'il ne connaissait pas).

C'est lui qui aurait convaincu Innocent X de mettre un obélisque égyptien sur la fontaine imaginée par Le Bernin pour la Piazza Navona à Rome. Le pape trouvait qu'il s'agissait là d'un monument bien païen. Athanase lui aurait prétendu avoir traduit le texte écrit en hiéroglyphes et souligné que celui-ci montrait un esprit précurseur du christianisme. Lorsqu'il manquait des signes érodés, il n'a pas hésité à les rajouter lui-même.

Athanase Kircher a beaucoup voyagé, mais a principalement résidé au Collegio Romano de Rome (la maison des jésuites dans cette ville) où il a monté un très grand « cabinet des curiosités ». Les collections étaient importantes, alimentées, outre ses propres trouvailles, par les envois de jésuites présents dans tout le monde connu. Il bénéficia également du legs de Nicolas Peresc.

Son nom est maintenant bien oublié (sans doute à juste titre), mais il passa, à son époque, pour un génie universel : *« Ses connaissances extrêmement variées, la manière approfondie dont il a traité plusieurs sciences difficiles et peu cultivées jusqu'alors, l'eussent fait regarder comme un savant universel, s'il pouvait y en avoir. Kircher eut ses écarts, mais lors même qu'il s'égare, soit par quelque erreur qui lui est propre, soit par celles qui étaient universellement adoptées de son temps, on reconnaît encore le savant et l'homme de génie. Des écrivains modernes ont réuni leurs efforts pour obscurcir la gloire de ce génie qui a fourni bien des matériaux à leurs systèmes et à leurs spéculations : ils ont cru qu'en le décriant, on ne soupçonnerait point qu'ils lui devaient quelque chose »,* écrivait-on encore à son sujet en 1853.[36]

Ce qu'il est resté surtout de son œuvre est une très riche collection montée au « Collegio Romano » aujourd'hui malheureusement répartie entre plusieurs musées. Cette collection, très fameuse en son temps a attiré nombre de visiteurs et a réellement servi de lieu d'observation et d'études. Notons, pour l'anecdote, que c'est grâce à l'observation d'un tatou empaillé, présent dans la collection Kircher que le Bernin a pu sculpter un animal curieux pour son temps sur le monument de la fontaine des quatre fleuves, Piazza Navona, citée plus haut.

Cette curiosité et ce regard sur la nature soulèvent inévitablement des questions sur des choses étranges. Par exemple, certaines pièces, des coquillages fossiles notamment, se trouvent là où elles ne devraient pas se trouver. Dans un premier temps, les réponses à ces étrangetés viennent assez naturellement. Elles peuvent parfois nous paraître, aujourd'hui, légèrement incongrues, mais dans le contexte d'alors, elles sont raisonnables.

On a trouvé nombre de grandes ammonites (coquillages lovés sur eux-mêmes) dans la région de Robin Hood sur la côte du Yorkshire, en Angleterre. On supposa qu'il s'agissait de serpents que Sainte Hilda avait pétrifiés[37] pour permettre la fondation d'un monastère. Plus tard, à l'époque victorienne, certains artistes gratifièrent même ces fossiles d'une belle tête de serpent sculptée dans l'extrémité de la coquille.

---

[36] *Bibliothèque des écrivains de la compagnie de Jésus ou notices bibliographiques*, par Augustin et Alois de Backer, de la même compagnie, Liège, 1853.

[37] *Fossils, the Key to the past,* Richard Fortey, Natural History. Museum London. 2009.

La question la plus fréquente vient justement de la présence de coquillages, manifestement de mer, dans des plaines loin de tous milieux marins, voire dans des montagnes. Il n'y a qu'une réponse possible : il s'agit des restes de coquillages que le déluge a soulevés, transportés, ballotés et qui, au retrait des eaux, se sont reposés sur le sol, souvent loin de la mer où ils avaient vécu. Pas de problème. C'est, notamment, la théorie de Thomas Burnet (1635-1715), mi-naturaliste, mi-théologien. Les coquilles fossiles sont les reliques du déluge[38]. Son inventivité pour faire coller à la Bible les éléments naturels découverts lui ont valu, l'oubli des savants ultérieurement et la mise à l'index de ses ouvrages durant sa vie. Le plus étonnant peut-être est, alors qu'il se rattache le plus souvent au Sacré, qu'il cherche désespérément une explication naturelle au déluge du type, *« l'eau était contenue dans les abîmes du globe terrestre. »* Il représente bien l'archétype du personnage tiraillé entre sa foi et ce qu'il voit. Bien d'autres, par la suite, connaîtront ces affres du doute.

Dans le même esprit d'interrogation du naturel par le divin, on peut également mentionner William Derham (1657 – 1735), un pasteur anglais, dont le seul titre de l'un de ses ouvrages indique clairement l'orientation d'esprit : « *Théologie astronomique, ou la démonstration de l'existence de Dieu par l'examen et la description des cieux.* » [39]

L'étape suivante amène déjà à admettre une insuffisance des textes. De plus en plus souvent sont trouvés des ossements qui, manifestement, ne correspondent à aucun animal connu actuel. Quelques os géants (type dinosaures par ex.) peuvent être assimilés à quelque animal fantastique et monstrueux dons le bestiaire

[38] *Telluris theoria sacra,* Londres, 1685.
[39] Traduit de l'anglais à partir de la 5ème édition, Paris, 1732.

médiéval est si riche ; des dragons par exemple, ou bien encore des chimères ou des griffons.

Par contre, lorsque commencent à apparaître des os de mammouth ou d'autres animaux proches, mais quand même différents de ceux existants, il faut se faire une raison : Noé a mal fait son travail. Il a oublié de faire entrer dans l'arche quelques espèces qui n'ont donc pas été sauvées du déluge. Cela peut arriver.

Progressivement, le nombre des espèces auxquelles on peut rattacher les restes de ces ossements « atypiques » augmente. Rappelons que l'arche de Noé avait une taille bien définie imposée par Dieu lui-même : *« l'arche sera de trois cents coudées, sa largeur de cinquante coudées et sa hauteur de trente. »*[40] Même en tenant compte d'une certaine variabilité de la coudée, cela ne laisse pas assez de place pour loger toutes les espèces que l'on découvre progressivement, qu'ils s'agissent d'animaux encore vivants ou de restes correspondant à des espèces totalement inconnues.

Le nombre de ces espèces vivantes devient justement tellement élevé qu'il faut faire un sérieux travail de classification.

Cet ouvrage, qui oblige à définir d'abord la notion d'espèce, revient à Linné.

Jusqu'alors (Antiquité–Moyen Age) ce problème dépendait clairement des systèmes philosophiques sous-jacents. Linné[41], en 1758, introduit le fait scientifique, très systématicien. Il classe les espèces selon leur similitude apparente sans se soucier vraiment de leur variabilité. Un tel système est très étroitement lié au dogme de la fixité des espèces qui prévalait à cette époque[42] . « *Nous comptons aujourd'hui autant d'espèces qu'il en fut créé à*

---

[40] *Genèse* 6-15.

[41] Naturaliste suédois (1707 – 1778).

[42] Jean Chaline, *Paléontologie des vertébrés,* Dunod, 1984, p. 7.

l'origine » était le credo de Linné, fidèle au mythe biblique de la Création. Son système de classification a été très critiqué, notamment par Buffon, mais cette critique, n'empêche nullement que le système de classification linnéen soit resté « le » système de référence jusque dans les années 70 du XXème siècle, époque où le système cladistique a tenté de le remplacer, sans y parvenir vraiment.

Participant à l'engouement général pour la découverte des espèces nouvelles, Linné, lui-même, envoie ses propres élèves et collaborateurs aux quatre coins du monde, dans des régions encore inexplorées par les naturalistes, quelquefois au prix de leur vie. On assiste à une véritable fièvre de l'inventaire. Chaque expédition maritime emmène son naturaliste et son dessinateur.

In fine, Linné recensa 67 000 espèces vivantes (animales et végétales). Aristote n'en dénombrait que 500 !

Il convient de souligner, à ce stade, que si Linné classe les espèces vivantes (il ne définit d'ailleurs pas précisément la notion d'espèce), il n'utilise que des critères morphologiques. C'est-à-dire que la proximité de deux espèces dans sa taxonomie ne signifie nullement un lien de parenté entre elles. Ce système brut, malgré son succès ultérieur, n'a pas pu induire directement ses successeurs dans la voie d'une évolution des espèces… et encore moins ses contemporains.

Alors, arrivé à ce stade, l'explication par l'oubli de Noé ne peut plus tenir. L'idée que l'arche aurait pu comprendre une telle multitude, non plus. Il faut aussi rappeler que Noé n'a pas fait pour le monde végétal la même manœuvre que pour les animaux ; or, on sait bien que nombre de plantes ne peuvent survivre à 40 jours sous l'eau.

Il faut donc, pour tenir l'hypothèse fixiste, envisager une autre solution particulièrement hardie.

Celle-ci consiste à imaginer que le déluge a, bel et bien, détruit un grand nombre d'espèces vivantes, et donc que Noé n'en a sauvé qu'une partie. Il y a alors les animaux « antédiluviens » et les actuels. Une telle hypothèse écorne un peu le mythe et la gloire de Noé, mais elle reste encore vaguement compatible avec le dogme judéo-chrétien et tolérable par la hiérarchie romaine.

8 – C'est un peu plus long qu'on ne le croit

Buffon est un grand naturaliste.

Georges-Louis Leclerc, comte de Buffon, né à Montbard en 1707 et mort à Paris en 1788 est à la fois maître de forge à Montbard et, à partir de 1739, intendant du Jardin du Roi. Il transforme ce lieu, actuellement Jardin des Plantes à Paris, en un centre de recherches et lieu d'exposition tout à fait exceptionnel. Sa fonction lui offre un merveilleux outil d'observation de la nature.

On le connaît, en général pour son œuvre immense de description des animaux existants[43].

Ses lecteurs les plus assidus et admiratifs ont été souvent perplexes, voire réservés, devant ce qui compose la majeure partie du premier tome de son œuvre lors de sa première sortie, en 1749, à savoir l'histoire de la terre. Il y décrivait, notamment, un processus de formation des montagnes à partir de dépôts marins.

On voulait bien croire Buffon quand il affirmait que nos continents avaient été autrefois submergés ; vingt autres naturalistes l'avaient dit avant lui. Mais on se refusait à le suivre quand il prétendait, comme dit Voltaire, que : *« la mer ayant inondé ainsi successivement la terre, a formé les montagnes par ses courants et ses marées ; et quoique son flux ne s'élève qu'à la hauteur de quinze pieds dans ses plus grandes intumescences sur nos*

---

[43] Buffon est surtout célèbre pour son œuvre majeure, *l'Histoire naturelle, générale et particulière, avec la description du Cabinet du Roy*, en 36 volumes parus de 1749 à 1789, plus huit autres publiés après sa mort, grâce à Lacépède.

côtes, elle a produit des roches hautes de 18 000 pieds ». Le public se refusait à croire que les océans eussent formé les montagnes.[44]

En effet, le déluge peut bien déposer des coquilles marines sur le sol de la terre, cela n'explique pas les couches régulières qui pourraient être des débris de coquilles, et encore moins la formation des montagnes.

Il semble que dès 1749, Buffon n'était plus tout à fait certain d'un fait ; qu'il y ait des coquillages au plus haut point de toutes les montagnes. Or, s'il y a eu déluge, l'eau a tout recouvert. Base du raisonnement de beaucoup de savants d'alors[45]. La Condamine qui revenait du Pérou où il avait séjourné plusieurs années lui avait affirmé qu'il n'avait jamais vu de fossiles marins dans les hautes montagnes de ce pays et qu'il ne croyait pas qu'il y en eût.[46] Bien évidemment il y eût des esprits critiques pour affirmer que La Condamine avait mal regardé.

Le résultat de 1749 est une vision retenue des choses ; la terre a connu une brève période au cours de laquelle la chaleur initiale s'est dissipée laissant alors une terre sur laquelle l'eau, mers et rivières, façonnent les choses dans une certaine intemporalité. Il s'agit encore d'un tableau, non d'une histoire.

Son histoire naturelle repose, dans un premier temps, sur la même conception que celle qui lui permet une description des animaux dans un état donné : l'état actuel.

A partir de son tome V, en 1755, il remarque que l'action de l'homme peut modifier les caractères des espèces animales domestiques. Cela signifie que la nature

---

[44] _*Les Epoques de la nature,* Buffon, édition présentée avec un vaste appareil critique par Jacques Roger, Mémoires du Muséum d'Histoire Naturelle, Sciences de la terre, Tome 10, 1962, réimpression 1988, p. XVI.

[45] Par ex : Woodward dans : *Théorie de la terre.*

[46] *Id.* p. XIX

est modifiable et donc les espèces pas obligatoirement immuables.

Avec le tome VI, il constate que la nature peut avoir aussi certaines capacités de transformation, notamment sous l'effet du climat. Avec l'examen des animaux du Nouveau Monde, proches, mais différents de ceux connus jusqu'alors, cette possibilité est expressément évoquée : *« Il ne serait donc pas impossible que, même sans intervertir l'ordre de la Nature, tous ces animaux du nouveau monde ne fussent dans le fond les mêmes que ceux de l'ancien, desquels ils auraient tiré autrefois leur origine... mais cela ne doit pas nous empêcher de les regarder comme des animaux d'espèces différentes. »*[47]

Buffon, qui polémiquait ferme avec Linné (sans jamais l'avoir rencontré), ne se contenta pas de prendre, comme lui, la notion d'espèce comme une simple commodité pour caractériser une proximité de deux formes. Il a l'idée de l'importance de l'interfécondité. Ce qui l'amène à proposer sa propre définition : Deux individus appartiennent à la même espèce s'ils peuvent se reproduire en donnant une progéniture féconde. Cette définition est devenue classique depuis.

Cette approche souligne le fait que Buffon envisage de manière encore très évasive que, de génération en génération, des espèces peuvent se transformer sous l'effet, notamment, du climat.

Le transformisme : le mot est lâché ! Sous cette forme il ne durera guère, mais il est sous-jacent et prémisse de l'idée d'une possible évolution chez certains esprits ultérieurs. Car Buffon, lui, souligne que nul n'a jamais vu apparaître de nouvelles espèces[48].

---

[47] Cité par Jacques Roger op.cit. p XXV

[48] Jacques Roger « Buffon et le transformisme » publié dans *La Recherche* N° 138, nov. 1982.

Toutefois cette constatation suggère qu'il faut du temps. Or celui-ci est compté, au sens propre du terme (cf. chapitre 6).

En 1766, Buffon est très probablement marqué par la lecture de l'ouvrage de Dortou de Mairan : *Dissertation sur la glace*. De Mairan montre que si la chaleur solaire intervenait seule, la différence entre la température de l'hiver et celle de l'été serait beaucoup plus grande qu'elle ne l'est. Partant de là, il conclut à l'existence d'un fond de chaleur indépendant de la vicissitude des saisons.[49]

Par ailleurs, Buffon, en tant que maître de forges, a une connaissance du monde des mines et sait que la chaleur naturelle augmente à mesure que l'on s'enfonce dans les profondeurs de la terre ; reste de la chaleur due à la fusion originelle.

Cet élément donne à Buffon la pièce qui lui manquait pour imaginer l'origine ignée du globe terrestre, celle-ci s'étendant sur une certaine période de temps. Jusqu'alors cette première phase n'était pour lui quasiment qu'une brève préface de la terre, terminée depuis longtemps. S'il reste une chaleur centrale, c'est qu'elle est la résultante d'un feu initial. Il a fallu un certain temps pour que ce feu initial décroisse au point que l'on puisse vivre dessus.

Dès lors qu'une durée longue de la terre devient imaginable, la trace laissée par les fossiles d'animaux disparus devient plus aisément explicable. Un certain nombre d'espèces ont disparu suite aux lents changements climatiques.

Jacques Roger, analyse avec finesse comment Buffon, sans accepter lui-même l'idée d'une évolution possible, car il est profondément fixiste, permet à d'autres, par ses hypothèses transformistes, d'imaginer une non fixité du vivant.

[49] *Id.* : p XXVII - Note 2 : L'ouvrage de Mairan avait connu sa première édition dès 1716, mais la théorie du feu central n'apparaît que lors de la 4ème édition en 1749.

C'est dans cet état d'esprit qu'il entreprend, en 1767, des expériences dans ses forges. Il fait chauffer de grandes masses de matériaux en forme de globes, supposées représentatives de la composition géologique du globe terrestre. Puis il mesure le temps nécessaire pour que ces globes refroidissent jusqu'à ce que l'on puisse poser la main dessus sans se brûler. Il ne lui reste, ensuite, qu'à extrapoler le temps nécessaire au globe terrestre pour se refroidir, par proportion entre le volume de ses boules expérimentales et celui de la terre.

Le résultat ?

Le résultat, Buffon décide de le publier. Cela donnera la parution, le 5 août 1773, des *Epoques de la nature.* Ce jour-là, Buffon lit publiquement, en avant-première, à une séance inaugurale de l'Académie des sciences, arts et belles-lettres de Dijon, un chapitre de son livre.

Que dit-il dans son livre ?

Il commence par présenter certains faits qui soulignent l'ancienneté de la terre, en particulier : la chaleur rémanente interne du globe, déduite de l'insuffisance de la chaleur solaire et de la formation lente de couches sédimentaires, résultats détritiques des coquilles calcaires d'animaux marins.

Il en déduit sept époques :

- La première, où la matière du globe étant en fusion par le feu, la terre a pris sa forme et s'est élevée sur l'équateur en s'abaissant sous les pôles. La vitesse de rotation du globe terrestre, comme pour les autres planètes étant la seule cause de ce renflement sur l'équateur.

- La seconde, où la matière du globe s'étant consolidée, a formé la roche intérieure du globe ainsi que les grandes masses de matière vitrescible qui sont à sa surface. Il s'agit bien, à cette période de la formation des roches primaires et des grandes chaînes de montagne qui se forment par vitrification des matières autrefois fondues par la chaleur.

- La troisième, où la mer couvre la terre actuellement habitée. Cette période a commencé au moment où la chaleur a suffisamment baissé pour que l'eau de la terre quitte son niveau d'ébullition, ce qui lui permet de rester sur terre en noyant les parties basses et vallées et d'abriter ensuite des créatures vivantes. Cette mer, encore bouillante, ne produit pas immédiatement les poissons et coquillages que nous connaissons aujourd'hui. Les premières espèces sont définitivement perdues. Durant cette époque, la mer a nourri les animaux à coquilles dont les dépouilles ont formé les substances calcaires qui ont fondé ces prodigieuses falaises de craie alors que les mers attaquant les montagnes par le bas formaient les bancs d'argile.

- La quatrième, où s'est fait le retrait de la mer qui couvrait nos continents et lorsque les volcans ont commencé à agir. C'est par l'étude de cette période que Buffon déclare qu'il s'est convaincu que le fond de la matière électrique est la chaleur propre du globe terrestre.

- La cinquième époque est celle du temps où les éléphants, les hippopotames et les autres animaux du midi ont habité les terres du Nord. Dans ce chapitre, il détaille ce qu'il avait annoncé dans son introduction, à savoir que de l'observation des fossiles, on doit en conclure : *« qu'à mesure que les terres septentrionales se refroidissaient, ces animaux se retiraient vers les contrées des zones tempérées où la chaleur du soleil & la plus grande épaisseur du globe compensaient la perte de la chaleur intérieure de la terre. »* L'exemple caractéristique en est l'éléphant qui sous sa forme ancienne de mammouth occupait les régions froides, puis, à mesure du refroidissement s'est déplacé vers le midi. Ce qui permet de dire que : *« lorsqu'on compare ces anciens monuments du premier âge de la nature vivante avec ses productions actuelles, on voit évidemment que la forme constitutive de chaque animal s'est conservée la même & sans altération dans ses principales parties... Les individus de chaque genre représentent aujourd'hui les formes de ceux des premiers siècles... En général, ces animaux étaient alors plus grands qu'ils ne le sont aujourd'hui : la Nature était dans sa première vigueur ; la chaleur intérieure de la terre donnait à ses productions toute la force & toute l'étendue dont elles étaient susceptibles. »* (p. 27)

C'est à ce stade que Buffon pose la question de la création de l'homme. A-t-elle été contemporaine de celle des animaux ? Réponse : *« des motifs majeurs & des raisons très solides se joignent ici pour prouver qu'elle s'est faite postérieurement à toutes nos époques & que l'homme est en effet le grand & dernier œuvre de la création... nous conviendrons que l'espèce humaine ne diffère pas essentiellement des autres espèces par ses facultés corporelles. » (p. 159)*

- la sixième époque est celle de la séparation des continents. Elle est postérieure au temps où les éléphants habitaient les terres du nord, puisque leur espèce était également subsistante en Amérique, en Europe et en Asie. (p.191)

- la septième et dernière époque est lorsque la puissance de l'homme a secondé celle de la nature.

Une telle description implique donc une longue durée.

Mais avant de mentionner des chiffres, Buffon, conscient du risque qu'il encourt de bafouer, ouvertement, la sacro-sainte durée biblique choisit de s'en expliquer par avance.

« Comment accordez-vous, dira-t-on, cette haute ancienneté que l'on donne à la matière avec les traditions sacrées qui ne donnent au monde que six ou huit mille ans ? » (p.28)

Par cette formulation il rappelle, en passant, que les spécialistes de la Bible ne sont pas d'accord entre eux sur la durée.

« Au commencement Dieu créa le ciel et la terre. Cela ne veut pas dire qu'au commencement, Dieu créa le ciel et la terre tels qu'ils sont, puisqu'il est dit immédiatement après, que la terre était informe, et que le soleil, la lune et les étoiles ne furent placés dans le ciel qu'au quatrième jour de la création. » (p.30)

On croirait qu'il a lu Philon ![50]

« Ainsi pour entendre sainement ces premières paroles, il faut nécessairement suppléer un mot qui concilie le tout et lire : Au commencement Dieu créa la matière du ciel et de la terre. »

Ensuite, le commentaire continu pour souligner la progressivité de l'action de Dieu et non pas son immédiateté ; sans oublier un passage sur Noé pour commenter la valeur métaphorique de l'évènement plus que son aspect scientifique. Il se sent suffisamment menacé dans ce qu'il va dire pour prolonger sa défense, a priori, sur les thèmes de la compatibilité de la science et de la théologie et de la pureté de ses intentions.

S'espérant un peu protégé par ces considérations préliminaires, il peut alors, attaquer le fond du sujet pour lui, c'est-à-dire la description de la durée des « Epoques » et de la durée nécessaire du refroidissement de la terre.

« ... le temps de l'incandescence pour le globe terrestre a duré deux mille neuf cent trente-six ans ; que celui de sa chaleur, au point de ne pouvoir le toucher a été de trente-quatre mille deux cent soixante-dix ans, ce qui fait, en tout trente-sept mille deux cent six ans ; et que c'est là le

---

[50] En fait il se pourrait que ce commentaire lui ait été inspiré par des échanges avec Mme Necker *op. cit.* p. XXXIV et les opinions de Buffon à l'égard de la Bible sont, semble-t-il, assez ambiguës. pp.CII-CVII.

premier moment possible de la nature vivante. » (p.65) On appréciera la précision de la durée !

Si l'on rajoute la période suivante attiédie au cours de laquelle une chaleur féconde succéda…

On arrive à 75 000 ans.

Et la nature vivante doit subsister encore pendant quatre-vingt-treize mille ans… après il fera trop froid pour la nature vivante *« et l'on verra que, bien loin d'avoir augmenté sans nécessité la durée du temps, je l'ai peut-être beaucoup trop raccourci. » (p.67)*

75 000 ans ! C'est la première fois qu'un chiffre d'une telle ampleur est prononcé et écrit. Sans oublier que si on l'admet, pour les raisons avancées, on doit aussi admettre la durée prévisionnelle de la fin du vivant !

L'homme peut-il devenir prophète ?

Le premier accueil du monde scientifique envers l'œuvre de Buffon fut respectueux, mais sans enthousiasme. Puis les critiques de la Sorbonne arrivèrent et se multiplièrent. Un jugement de celle-ci aboutit à contester l'ouvrage, mais sans le dénoncer, au motif qu'il s'agirait d'un simple radotage de vieillard.

Les critiques continuèrent à tomber.

Un seul accueil louangeur, mais de quel éclat ! Catherine II de Russie elle-même rédige une lettre de félicitations à l'isolé de Montbard. Buffon en est flatté, mais cela ne lui apporte qu'un succès d'estime.

Indépendamment de son calcul sur le temps de refroidissement des boules, et cette fois-ci en évitant de publier, donc en évitant les critiques, Buffon revient sur le calcul de l'ancienneté de la terre par un autre biais.

Il a constaté, comme rappelé ci-dessus, que les falaises de craie que l'on voit, notamment le long de certaines plages sont le reflet de l'accumulation de sédiments d'origine animal. Il essaie d'évaluer le temps qu'il faudrait pour que, à la vitesse d'accumulation qu'il croit déterminer, les falaises observées atteignent parfois la centaine mètres qu'elles ont actuellement.

Le résultat de ces calculs, certes, n'est pas publié, mais quand même échangé avec des correspondants avec lequel il se sent suffisamment en confiance.

Cette approche est délicate à mettre en chiffre. Ses notes personnelles montrent de grands écarts entre les résultats auxquels il arrive, mais finalement il se décide pour un chiffre qui se monte à environ 200 000 ans.

Et dans son esprit, la possibilité que ce chiffre dépasse le million d'années n'est pas nulle.

Les temps ne sont pas encore mûrs pour faire état de pareille hypothèse.

Il peut donc mourir, en 1788, à la fois critiqué et profondément fixiste.

Son éloge funèbre est prononcé par Condorcet qui n'hésita pas à souligner les faiblesses du « grand ouvrage. »

Buffon a néanmoins posé les deux éléments qui traceront pour les savants futurs les deux pistes prometteuses de recherche : l'épaisseur du temps et la possibilité laissée aux espèces vivantes de se transformer par inter-fécondation.

Ses spéculations sur l'épaisseur du temps sont aussitôt reprises et complétées en Angleterre par James Hutton (*The Theory of the Earth* - 1795), permettant à l'idée d'entrer progressivement dans les pensées.

Mais pour pouvoir envisager une transformation progressive des espèces vivantes, il manque encore un élément important.

9 – Catastrophe !

Après les ouvertures apportées par Buffon, on aurait pu penser qu'assez rapidement des chercheurs auraient tenté d'explorer de nouveaux chemins pour comprendre l'évolution du monde. Ils avaient désormais à leur disposition une certaine durée, contestée, mais implicitement admise comme bien supérieure à 6 000 ans et l'idée que par inter-fécondation de ses membres, une espèce peut se transformer. Ces deux pistes pouvaient ouvrir de nouveaux horizons. Enfin, la notion d'espèce perdue, qui avait été introduite dès 1700 par Fontenelle s'est vue reformulée par Buffon qui, après la découverte d'un mastodonte en 1767, sur les bords de l'Ohio avait pris conscience de l'importance du phénomène.

Mais il a suffi qu'un homme de grand génie s'oppose fermement à cette voie, pour que celle-ci soit bloquée, ou du moins devienne très étroite, pour près d'un demi - siècle.

Cet homme c'est Cuvier.

Georges Cuvier est né à Montbéliard en 1769. Il est mort à Paris en 1832. « *Il reste cent cinquante ans après sa mort un des plus grands naturalistes que la Zoologie et la Paléontologie aient connu, qui fait toujours autorité, et auquel on continue à se référer.* »[51]

Il fait une carrière fulgurante. Arrivé en 1795 à Paris, il devient enseignant au Muséum, puis, professeur au Collège de France, membre de l'Institut et secrétaire

[51] Goulven Laurent dans la Postface de l'édition de 1985 des *Discours sur les révolutions de la surface du globe* de Cuvier.

perpétuel de ce qui deviendra l'Académie des sciences. Il est suffisamment en place pour que les changements de régimes successifs liés à la chute de Napoléon (première restauration, les 100 jours, deuxième restauration monarchique, monarchie de juillet) ne l'ébranlent pas. Louis-Philippe le fait même Pair de France.

Royer Collard, l'appelle le Napoléon de l'intelligence.

Bien sûr c'est un naturaliste de très grande culture. Il a lu, très jeune, l'œuvre de Buffon, en a reproduit nombre de planches et étudié la zoologie en particulier celle des vertébrés mammifères.

Il a beaucoup travaillé sur la bio-stratigraphie impliquant le lien entre les couches géologiques et les fossiles. Les géologues d'alors se fondaient beaucoup sur les fossiles trouvés, typiques de certaines strates géologiques, pour établir les relevés géologiques du terrain. La première carte géologique de l'Angleterre et du pays de Galles a été réalisée par William Smith en 1815 ; elle repose largement sur cette corrélation entre fossiles et couches géologiques. En France, une des premières cartes géologiques fut publiée en 1780 (Guettard et Monnet). En 1816, la carte géologique d'Omalius d'Halloy montre les célèbres auréoles sédimentaires du bassin de Paris, signifiant ainsi que les dépôts tertiaires du bassin parisien sont déjà bien identifiés.[52]

Tout ceci insère donc l'œuvre de Cuvier dans les travaux de son époque.[53]

Ce qui, probablement, a fait la différence avec bon nombre de ses collègues, c'est l'aptitude particulière qu'il

---

[52] *Foss'Île-de-France* : *Les coquillages fossiles dans la parure préhistorique,* ouvrage collectif (ISBN : 978-2-7466-8664-9), 2015, p57.

[53] Son œuvre majeure qui reprend nombre d'articles qu'il avait publiés dans des Comptes rendus de diverses sociétés savantes reste : *Recherches sur les ossements fossiles de quadrupèdes*, paru en 1812.

a développée à la corrélation entre les ossements d'animaux et leur physiologie. Exemple type : tous les ruminants ont des cornes, donc si on trouve un fossile d'animal possédant des cornes on sait ipso facto qu'il s'agit d'un ruminant. Or, Les ruminants ont aussi des pieds à deux doigts ; donc si on retrouve des cornes, il y aura aussi des pieds à deux doigts. Et si l'on retrouve une empreinte de pied fourchu, c'est nécessairement que l'animal était un ruminant.[54]

Autre exemple : une dent tranchante et propre à découper la chair ne coexistera pas, dans une espèce donnée, avec un pied enveloppé de corne qui ne peut que soutenir l'animal sans lui permettre de saisir. Le zèbre a des sabots pour fuir. Le lion a des dents tranchantes et des griffes pour saisir. Il y a des combinaisons nécessaires et d'autres impossibles. Chaque animal à sa ou ses propres combinaisons.

Ce type de raisonnement l'entraîne très loin dans la compréhension des éléments fossiles retrouvés, en général incomplets, et lui permet d'en faire une étude, y compris sur les éléments non présents, mais dont il déduit l'existence par cette méthode de corrélation et de reconstituer, plus ou moins complètement, l'animal à partir des seuls restes fossiles disponibles.

Il obtient un succès remarquable en prédisant à partir de quelques os la forme générale de l'animal complet, puis, le squelette fossile de celui-ci étant retrouvé un peu plus tard, son dégagement, en présence d'un aréopage de savants, montre que le dessin imaginé qu'il avait proposé sur la base des peu d'éléments dont il disposait se révèle très proche de la réalité (cas du paléothérium).

---

[54] Les références qui suivent utilisent l'édition de 1985, collection Episteme présentée par Léon Bourgeois des *Discours sur les révolutions de la surface du globe,* p. 101.

Ce succès va bien au-delà des cercles scientifiques auquel il appartient. Le grand public en est informé, ce qui contribue à sa popularité.

Signalons à titre d'exemple, pour bien souligner la portée de ce succès, qu'au milieu du siècle, en 1863, Emile Gaboriau, auteur de romans policiers très populaires à l'époque et inventeur d'un personnage, Monsieur Lecoq, dont les capacités déductives pour élucider les meurtres vont inspirer un certain Sherlock Holmes, se réfère exactement aux méthodes popularisées par Cuvier : *« Lui, Lecoq, reconstruisait le drame de la vérité, pareil en cela à ces naturalistes qui, sur la seule inspection de deux ou trois os, dessinent l'animal auquel ils ont appartenu. »*[55]

Quand un tel personnage, couvert des honneurs officiels et admiré non seulement de ses pairs scientifiques, mais aussi du grand public prend une position sur un sujet, il devient très difficile de le contredire.

Or, sur le sujet de l'évolution possible dans le monde du vivant, Cuvier prend une position forte et rigide.

Il faut rappeler que lors de sa naissance, Montbéliard appartient au duché de Wurtemberg. Il est donc, par le fait du prince, protestant. Toute sa vie il est, semble-t-il, marqué par cette rigueur religieuse et, évidemment, la contradiction apparente entre les nouvelles possibilités d'interprétation de la vie sur terre et le texte de la Genèse doit l'interroger sérieusement. Car, il sait que le temps mosaïque n'est plus défendable. Il sait que de nombreuses espèces ont disparu. Il sait aussi que l'intervention du déluge ne peut pas tout expliquer.

Alors, il forge un nouveau concept qui lui permet d'associer au mieux, ou au moins mal, les deux

---

[55] Emile Gaboriau, *Monsieur Lecoq*, p. 285 de l'édition 1954, Bibliothèque Mondiale.

approches : la scientifique et la biblique. Les animaux anciens ont disparu par suite de… catastrophes.

Pour lui, les restes fossiles montrent que des espèces ont vécu et qu'elles ont disparu. Elles n'ont point évolué. Pourquoi ont-elles disparu ? Parce qu'à plusieurs reprises au cours du passé géologique une catastrophe de grande ampleur, et aussi violente que brève, a détruit toute la faune existante. Ces catastrophes sont liées à des causes qui n'ont rien à voir avec les agents actuels de formation de la géomorphologie : pluie, vent, volcanisme… Elles sont beaucoup plus brutales. Ce sont des catastrophes.

C'est la raison pour laquelle, dit-il, on ne trouve pas de formes intermédiaires : *« Les espèces perdues ne sont pas des variétés des espèces vivantes. »* [56] Lui, Cuvier, qui a étudié plus de 150 espèces fossiles de mammifères, le sait bien[57]. Il connaît une espèce, ou une autre, mais pas d'intermédiaire entre chacune. Et, en outre, ajoute-t-il de manière un peu présomptueuse : *« Il y a peu d'espérance de découvrir de nouvelles espèces de grands quadrupèdes. »*[58]

Cette dernière formule peut, aujourd'hui, prêter à sourire. On sait depuis lors l'immense quantité de nouveaux fossiles qui ont été découverts, grands quadrupèdes et autres. Mais, même dès cette époque, comment ne pas songer à la jeune Mary Anning, ramasseuse de coquillages sur les côtes du Dorset, au sud de l'Angleterre, qui trouvait son premier Ichtyosaure[59] dès l'âge de 11 ans[60] . Et les autres trouvailles d'ampleur ne

[56] *Op. cit.* p. 112.

[57] Cuvier reprend en 1812, l'essentiel des études qu'il a menées dans son ouvrage en quatre volumes : *Recherches sur les ossements fossiles de quadrupèdes.*

[58] *Op.cit.,* p. 76.

[59] Un ichtyosaure est un intermédiaire entre saurien et poisson qui peut atteindre deux à trois mètres de long.

[60] Mary Anning (1799 – 1847) vivait à Lyme Regis.

tardèrent pas, pour elle qui n'était pas une scientifique, ni même vraiment de bonne éducation. Elle avait simplement des yeux pour voir.

Ce manque d'espèces intermédiaires ou de liaison n'existe pas non plus, selon Cuvier, pour l'homme. Il n'y a pas de restes fossiles qui évoqueraient un « autre homme. »[61]

Pour imaginer un phénomène évolutif, il faudrait avoir à sa disposition beaucoup de temps. Or, Cuvier, qui a pourtant beaucoup critiqué Buffon, reprend de son œuvre une certaine épaisseur du temps. Mais celle-ci reste, pour lui, toute relative et certainement sujette à bien des interrogations. Dans les deux premières éditions de ses discours, il évoque des milliers de siècles. Cette notion disparaît de la troisième édition en 1825.

La grande connaissance que Cuvier a des fossiles ne lui permet évidemment pas d'imaginer que toutes les espèces anciennes aient pu disparaître en une seule fois. Il est clair pour lui comme pour la plupart de ses contemporains scientifiques que plusieurs générations de fossiles ont dû se succéder. Il n'est pas envisageable qu'une seule grande catastrophe ait tout détruit. Il faut donc en imaginer plusieurs successives. Cuvier s'arrête au chiffre de cinq. La dernière étant le déluge biblique, ancien de quelque 6 000 ans, c'est-à-dire pas très loin d'une chronologie mosaïque. C'est après celle-ci que l'homme est apparu.

La question qui se pose immédiatement est de savoir si à chaque catastrophe il y a extinction générale de toutes les espèces comment de nouvelles peuvent-elles apparaître aussitôt après ?

Doit-on donc imaginer qu'il y ait une nouvelle création après chaque catastrophe ? Dieu s'est-il remis à l'œuvre six fois de suite ?

---

[61] *Op.cit.* p. 121.

Là encore apparaît la puissance des doutes qui ont dû agiter l'esprit de Cuvier. Car, naturellement, il n'imagine pas que Dieu ait recommencé son œuvre aussi souvent. Mais comme il n'a pas de réponse, il laisse ce point dans l'ombre. Par moment il évoque de manière extrêmement allusive, des migrations d'espèces qui auraient pu servir à ce repeuplement, mais, globalement, ce sujet reste en jachère. Il préfère le taire.

Cuvier eut, bien sûr, des détracteurs et des contradicteurs. Mais la gloire dont il était auréolé n'a pas permis de remettre en cause cette explication globale qu'il donnait.

Il est curieux de noter que, à la différence de ce qui arrive souvent dans les controverses scientifiques, le dogme cuviériste ne disparaît pas avec sa mort, en 1832.

Il est remplacé comme secrétaire perpétuel de l'Académie des sciences par Léonce Elie de Baumont. Celui-ci se sentant le digne successeur du grand homme eût à cœur de maintenir le dogme le plus longtemps possible, c'est-à-dire jusqu'après le milieu du dix-neuvième siècle.

Mais comme les découvertes se succédaient et que les hypothèses novatrices fleurissaient, il fallut tout de même, de la part des partisans de Cuvier remettre sa doctrine au goût du jour, sans la renier. Le point d'orgue semble atteint avec Alcide D'Orbigny. Celui-ci, auteur d'une monumentale « Paléontologie française » alla jusqu'à proposer 27 catastrophes successives pour coller au mieux à l'état de la science !

10 – Un homard ?

Prenez un homard. Retournez-le. Examinez son anatomie. Ne trouvez-vous pas qu'elle ressemble beaucoup à celle d'un vertébré ?

Prenez un canard, pliez-le en deux à l'envers de façon à ce que sa tête touche sa queue. Examinez son anatomie. Ne trouvez-vous pas qu'elle ressemble étrangement à celle d'une seiche ?

Bon, d'accord, il faut un peu d'imagination.

Mais de l'imagination, Etienne Geoffroy Saint Hilaire n'en manquait pas.

Il est né à Étampes en 1772 et mort à Paris en 1844.

C'était un grand naturaliste, considéré comme tel de son vivant. Alors jeune professeur au Muséum d'Histoire naturelle, Bonaparte l'inclut dans la liste des savants qui l'ont accompagné en Egypte. Il s'y fait remarquer en refusant de livrer aux Anglais sa collection d'animaux momifiés et en leur déclarant qu'il préférait la brûler plutôt que de la céder.

Un peu plus tard, envoyé au Portugal par Napoléon devenu empereur, pour prendre, dans ce pays conquis, les collections anatomiques les plus intéressantes, il réussit, par sa modération à s'attirer la sympathie de ses collègues locaux.

De son expérience et de ses observations, Etienne Geoffroy Saint Hilaire acquit une conviction qui marqua l'ensemble de son œuvre : celle d'une certaine unité de plan d'organisation pour l'ensemble des espèces du règne animal.

Il y avait déjà quelque temps que l'on avait fait cette remarque pour les vertébrés, mais sans y porter beaucoup attention. Un vertébré, c'est une tête, un cou et une colonne vertébrale dans son prolongement avec quatre membres. Qu'on appelle bras ou jambe pour l'homme ; membre supérieur ou inférieur pour les animaux, ongle ce qui protège le doigt de l'homme ou sabot ce qui protège celui du cheval, n'y change rien. Le plan général reste le même, depuis le crocodile jusqu'à l'homme.

L'idée originale de Geoffroy Saint-Hilaire c'est que cette unité de plan anatomique peut aussi, jusqu'à un certain point, s'étendre aux invertébrés. Ce qu'on appelle des homologies existent entre les deux embranchements. C'est ainsi qu'il arriva à l'idée de retourner un homard pour y trouver une similitude, qui n'est pas évidente à première vue pour le profane. Il souligne que les homards ont leur canal nerveux principal sur leur face ventrale et leurs principaux vaisseaux sanguins sur leur face dorsale, ce qui est exactement l'inverse de ce que l'on trouve chez les vertébrés. Donc en le retournant on retrouve l'homologie.

Cette idée d'une unité de plan de l'organisation animale a dû prendre racine, dans son esprit, dès son séjour en Egypte.

Il commença avec des exemples simples et modestes : les opercules des poissons, qui recouvrent les ouïes sont semblables aux petits os qui composent l'oreille moyenne des mammifères (le marteau, l'enclume, l'étrier).

Puis il élargit sa vision des choses en soulignant que chaque animal possède un squelette, mais, chez les vertébrés il est intérieur (endosquelette), chez les crustacés il est extérieur (carapace ou exosquelette).

Cinq mémoires, publiés dès 1807 dans les Annales du Muséum d'Histoire naturelle, traduisent ce premier effort pour établir l'unité de plan et de composition à l'intérieur de l'embranchement des vertébrés. Dans le dernier, intitulé : *Considérations sur les pièces de la tête osseuse des animaux vertébrés et particulièrement sur celles du crâne des oiseaux*, il conclut : *« Ces observations d'où il résulte que le crâne des oiseaux est formé d'autant et de semblables pièces que celui de l'homme et des mammifères, montrent, jusque dans les plus petits détails, que tous les animaux vertébrés sont faits sur un même modèle. »*

Ce travail l'amène à publier une grande synthèse en 1818, l'ouvrage intitulé : *Philosophie anatomique,* dans lequel il regroupe l'ensemble de ses observations sur les homologies qui concourent à démontrer l'unité de plan du règne animal.[62]

Mais pour que ces idées soient acceptées de la communauté scientifique, il fallait nécessairement que « la » sommité du moment soit convaincue.

Or, une des limites de la pensée de Cuvier était de considérer essentiellement l'aspect physiologique des êtres vivants, fondement du principe de corrélation qui a fait sa gloire.

Selon Cuvier, la vision des choses est claire : *« Tout être organisé forme un ensemble, un système unique et clos, dont les parties se correspondent mutuellement et concourent à la même action définitive par une action réciproque. Aucune de ces parties ne peut changer sans que les autres changent aussi ; et par conséquent chacune d'elles, prise séparément, indique et donne toutes les autres. »*

---

[62] Son livre est illustré de 18 planches anatomiques soulignant les homologies que l'on peut déceler en fonction, notamment des organes respiratoires. La planche 10 montre, de manière originale, la similitude entre le squelette (hors membres) de l'homme et celui du pingouin.

Dans une telle vision, il n'y a aucune place pour une réflexion sur une unité d'ensemble des espèces puisque chacune à sa logique propre et que son principe de fonctionnement lui est personnel selon des combinaisons de critères qui sont impossibles et d'autres qui sont nécessaires. Répétons-le : chaque espèce a sa logique propre.

Dans ces conditions Cuvier, « La » sommité, prit très mal les élucubrations de Geoffroy Saint Hilaire. Il ne pouvait les admettre sans se remettre en cause lui-même fondamentalement.

Les deux hommes se connaissaient bien.

Cuvier dans un premier temps fit celui qui n'avait rien entendu pour ne pas avoir à s'exprimer, mais devant l'insistance de son collègue il fut obligé de réagir.

Il le fit fortement et négativement.

Les débuts de la critique furent aisés. Bien des observations, un peu hardies de Geoffroy Saint-Hilaire furent faciles à démonter. On pouvait tordre le canard dans bien des sens, il avait du mal à ressembler vraiment à une seiche. Même les analogies entre les ouïes des poissons et l'oreille moyenne des vertébrés furent facilement critiquées.

Visiblement Cuvier, qui ne trouvait aucun caractère scientifique aux assertions de Geoffroy, ne tenait pas à engager le débat. Lorsque brusquement, au début de l'année 1830, un fait nouveau allait faire éclater la controverse[63].

---

[63] Ce débat, resté fameux, a été analysé par Jean Piveteau : *Le débat entre Cuvier et Geoffroy Saint-Hilaire sur l'unité de plan et de composition.*
In : *Revue d'histoire des sciences et de leurs applications*. 1950, Tome 3 n°4. pp. 343-363.
C'est cet article qui est largement utilisé ici.

Geoffroy saint-Hilaire revint fermement sur son idée en insistant sur les travaux menés par certains de ses confrères, dont il se fit le rapporteur pour pouvoir les présenter sous un jour qui venait soutenir ses propres vues.

Deux jeunes anatomistes, Meyranx et Laurencet, avaient présenté à l'Académie des Sciences un mémoire ayant pour titre : « Quelques considérations sur l'organisation des Mollusques. » L'objet de ce travail était de montrer qu'en orientant convenablement un mollusque céphalopode, on retrouvait une disposition des organes plus proche de celle des vertébrés que ne le laisserait croire un simple examen direct.

Pain béni pour Geoffroy Saint Hilaire qui reprit les conclusions des deux anatomistes en les dépassant. Agacement supplémentaire pour Cuvier qui obtint que certains passages désobligeants fussent retirés du rapport de Geoffroy.

Passons sur les péripéties du débat qui fut âpre et culmina au cours du mois de mars 1830. Après la crise, vint le temps des négociations et des tractations. Cuvier finit par admettre que Geoffroy avait su découvrir bien des homologies passées avant lui inaperçues. *« Si j'avais à citer des exemples de ces travaux dignes de toute notre estime, c'est parmi ceux de notre savant confrère que je les choisirais. Lorsque, par exemple, il a reconnu qu'en comparant la tête d'un fœtus de mammifère à celle d'un reptile ou d'un ovipare en général, on remarquait des rapports dans le nombre et l'arrangement des pièces qui ne s'apercevaient point dans les têtes adultes ; lorsqu'il a prouvé que l'os, appelé carré dans les oiseaux, est l'analogue de la caisse dans les fœtus de mammifères, il a fait des découvertes très réelles, très importantes... »*

Quelque temps plus tard Geoffroy, adouci par ces propos, fait une concession vers Cuvier sans renoncer à sa grande idée d'unité de plan. Un débat plus serein et plus technique s'instaure alors sur l'utilité de l'os hyoïde chez les grands mammifères, les oiseaux ou la tortue. Puis le ton remonte à nouveau.

A ce moment de la controverse, les travaux du docteur Milne Edward viennent alimenter le débat. Celui-ci vient de présenter à l'Académie Royale des Sciences un travail étendu sur « l'organisation de la bouche chez les crustacés suceurs ». Il y a, écrit l'intéressé, deux groupes de crustacés : les mâcheurs et les suceurs. On devrait donc avoir deux structures de bouche fort différentes ? Et bien non ! : *« Les mêmes éléments constituans sont retrouvés dans l'un et l'autre cas ; c'est une tendance remarquable à l'uniformité de composition. »* [64]

Et un point pour Geoffroy !

Le grand public suivait cette controverse avec un intérêt qui relevait plus du plaisir des jeux du cirque que de l'intérêt scientifique proprement dit.

Finalement, le 5 avril, les deux gladiateurs décidèrent de mettre fin au débat.

Aussitôt, Geoffroy Saint–Hilaire écrit et publie un ouvrage, censé rappeler les étapes de ce débat, mais qui lui sert surtout à ré-énoncer sa théorie : *Principes de philosophie zoologique, discutés en mars 1830 au sein de l'Académie Royale des Sciences.*

Il y a deux choses étonnantes à souligner dans cette affaire.

Tout d'abord, une fois encore, comme par le passé, le débat, qui aurait dû être technique avant tout s'est trouvé perturbé par des considérations d'ordre théologique.

Geoffroy en rend compte dans son ouvrage.

L'attaque vient directement le 22 mars : *« Concluons* – lui oppose-t-on – *que vos prétendues identités, que vos prétendues analogies, s'il y avait en eux la moindre réalité, réduiraient la Nature à une sorte d'esclavage,*

---

[64] *Principe de philosophie zoologique* p. 32.

dans lequel heureusement son auteur est bien loin de l'avoir enchaînée : on n'entend plus rien aux êtres, ni en eux-mêmes, ni dans leurs rapports. Le monde est une énigme indéchiffrable. »[65]

L'argument est bien pensé ; il est double. Si la théorie de Geoffroy était juste, le Dieu créateur aurait perdu toute capacité d'intervention sur la nature. Elle se serait libérée du démiurge par son mécanisme propre qui la contraindrait elle-même. Bien évidemment une telle assertion est à l'époque encore totalement inacceptable sur un plan religieux.

Ensuite les détracteurs de Geoffroy (il s'agit bien sûr de Cuvier) s'effraient à l'idée de ne pas pouvoir être en mesure d'expliquer ce « soi-disant » mécanisme propre. Ce que l'on peut comprendre, vu de leur époque.

L'argument est suffisamment fort pour que Geoffroy choisisse la seule attitude possible dans sa position : ne pas répondre en évitant ce niveau d'analyse. Il se réfugie dans sa position de scientifique naturaliste ; les faits, rien que les faits. Surtout ne pas chercher à trouver une explication globale à ceux-ci.

Cette attitude pourra être reprochée ultérieurement aux scientifiques, lorsque le phénomène de spécialisation sera développé à l'extrême et que ceux-ci se réfugieront dans leur domaine d'excellence, pour éviter d'avoir à oser une synthèse hasardeuse qui serait immédiatement mise en cause par des collègues qui trouveraient une erreur dans leur propre domaine d'excellence. On ne fait pas une carrière sans mettre en avant les défauts des autres !

Mais, on ne peut pas reprocher à Geoffroy, en son temps, de se réfugier derrière la rigueur de ses observations pour ne pas aller sur un terrain qu'il sait délicat et encore socialement dangereux.

---

[65] *Op. cit.* p. 25.

Cuvier avait émis sa théorie catastrophiste, manifestement en gardant à l'esprit qu'il fallait trouver une forme de convergence avec l'approche biblique. Dans le cas de son débat avec Geoffroy, cette considération reste encore. Elle n'est peut-être pas si centrale que Geoffroy le dit, tout simplement parce que Cuvier n'a jamais cru à cette idée d'une unité de plan de la nature. Il pouvait donc se sentir libre de critiquer avec des purs arguments de naturaliste. Et, à ce niveau, il était plus fort que Geoffroy.

Si Geoffroy, ne cherche pas à hausser sa constatation au niveau d'une théorie globale de l'explication de l'évolution du vivant c'est probablement aussi parce qu'il n'avait pas vu ni compris quelles conséquences pouvaient être tirées de cette simple constatation qu'il avait si longtemps défendue.

Il y a une unité d'organisation du vivant. Ce n'était encore pour lui qu'une simple constatation de naturaliste et s'il l'a défendu, bec et ongles pourrait-on dire, c'est sans doute d'abord par simple orgueil du savant qui défend ce qu'il pense avoir démontré.

Et pourtant, dès cette époque, d'autres ont perçu ce qu'une telle remarque pouvait impliquer et ils ne se priveront pas de l'utiliser pour défendre ce qui deviendra la notion d'évolution.

Car, dès lors, les éléments permettant d'envisager une hypothèse évolutionniste sont présents : une durée longue (mal définie, mais certainement bien plus longue que les 4004 ans de Usher), une capacité des espèces à se transformer sous l'effet de différents éléments (en particulier du climat) et l'unité de plan du vivant. En prime, il était devenu évident qu'il ne pouvait pas y avoir de fixité du monde créé par Dieu. Ce point n'était plus contesté. Même la théorie catastrophiste l'admet implicitement. Mais il fallait comprendre comment les choses s'étaient passées.

Le deuxième point remarquable sur ce sujet, c'est que les constatations de Geoffroy étaient rudimentaires et effectivement contestables (et contestées, nous l'avons vu) sur bien des points.

Et pourtant, un siècle plus tard, sa théorie a été confirmée par la biologie moléculaire[66].

Hans Spemann et sa collaboratrice Hilde Proscheld avaient manipulé des larves de tritons et greffé des morceaux d'embryon sur un autre. Une de ces greffes a permis le développement de l'embryon hôte en deux têtards siamois, joints par le ventre. Ces greffons qui donnaient des têtards siamois provenaient tous de la même zone très précise de l'embryon. Spemann pensa que cette zone avait la capacité de définir l'embryon tout entier et donc l'origine de l'ordre. Il l'appela « l'organisateur ». Il reçut pour cette découverte le prix Nobel en 1935.

Dans les années 1990, la génétique moléculaire s'est penchée sur ce problème et a identifié une molécule signal nommée « Chordine », première d'une série de molécules signaux, situées dans « l'organisateur ». Même si les premières expériences ont été réalisées sur des grenouilles et des tritons, il semble bien que cette notion d'organisateur puisse être appliquée également à l'ensemble des mammifères.

Donc : *« Geoffroy Saint-Hilaire supposait ce que la génétique moléculaire commence seulement à démontrer :*

---

[66] Voir l'ouvrage de Armand-Marie Leroi, professeur à l'Impérial College de Londres : *Mutants : on the form, variety and errors of the human body,* Londres 2004.
Une synthèse de l'ouvrage, faite par son auteur, est parue dans *la Recherche,* Décembre 2005, N° 392, pp. 54-57, sous le titre « Le homard de Geoffroy Saint –Hilaire. »

l'énorme diversité de la vie animale cache une profonde unité fondamentale. »[67]

Intuition géniale ou simple hasard heureux ?

[67] Article cité p. 57.

11 – Le long cou de la girafe

Une des raisons, pour lesquelles Cuvier avait eu du mal à oser une explication vraiment novatrice, outre ses convictions religieuses déjà mentionnées, tient au fait qu'il a travaillé principalement sur les grands vertébrés.

Il a étudié à fond 150 espèces, ce qui est bien sûr un très gros travail, mais ne représente qu'une infime partie du vivant existant dans cette catégorie. Il n'en était pas conscient. Nous avons déjà mentionné plus haut qu'il était persuadé qu'il n'y avait plus guère de nouvelles espèces à découvrir parmi les grands quadrupèdes. On sait ce qu'il en adviendra par la suite.

Aujourd'hui, on estime à environ 1 million le nombre d'espèces existantes sur terre et à plus d'un milliard le nombre d'espèces ayant existées à un moment ou à un autre depuis l'origine de la vie, dont environ 300 000 fossiles connus.

Au début du XIXe, on en est loin et l'œuvre de Cuvier avec ses 150 espèces (certes uniquement en grands mammifères) nous semble un peu dérisoire vue d'aujourd'hui.

Par contre, pour celui qui s'intéresse non plus aux gros vertébrés, mais aux petits coquillages, le paysage change radicalement. Il est difficile d'apprécier l'anatomie interne d'une ammonite, d'une planorbe ou d'un quelconque potamide, mais il est facile d'observer la forme de la coquille ainsi que les dessins qu'elle porte. Et on se rend vite compte de la très grande diversité de morphologie externe. Si on attribue un nom d'espèce à chaque forme, le nombre en monte extrêmement vite. Certes la grande difficulté est de définir si deux formes différentes appartiennent à deux espèces différentes, au sens donné à ce terme par Buffon, ou simplement à deux variétés au sein de la même espèce, ou encore à une certaine variabilité intra-spécifique, mais c'est en centaines voire en milliers que l'on doit compter.

En outre, cette très grande similitude entre deux espèces permet beaucoup plus facilement d'imaginer que l'une se soit transformée en l'autre plutôt qu'une seiche soit devenue canard par exemple.

C'est probablement parce que Lamarck a passé des années à rechercher, observer et classer des coquillages du bassin parisien qu'il avait l'esprit mieux préparé à franchir le pas.

Jean-Baptiste de Lamarck a vécu entre 1744 et 1829. Il est donc presque le contemporain de Cuvier (qui est mort en 1832). Il est naturaliste comme lui, professeur de zoologie au Museum d'Histoire naturelle, membre de l'Institut de France et de la Légion d'Honneur, de la société philomatique de Paris, des naturalistes de Moscou... Munich... Berlin... Bordeaux... Strasbourg... l'Oise... associé libre de la société des pharmaciens de Paris, etc.

Autrement dit, un monsieur bien du point de vue de la société.

Et il a collecté les coquillages fossiles de la région parisienne, en particulier du côté de Grignon, dans le département actuel des Yvelines.

En 1802 il rédige son *Mémoire sur les fossiles des environs de Paris*. Pour l'illustrer, il fait exécuter 52 planches sur vélin avec les dessins des coquillages. Une pure merveille d'un strict point de vue visuel. Depuis, le nombre des coquillages référencés dans cette région a encore considérablement augmenté.[68]

C'est probablement à cette époque que sa vision du transformisme des espèces commence à se préciser. En 1802 il publie : *Recherches sur l'organisation des corps vivans.* [69] Il y présente, pour la première fois, le : « *résultats de mes Recherches sur les Corps vivans, et sur les causes qui développent et qui composent ou compliquent graduellement leur organisation.* » C'est une vision dans laquelle, dès ce moment il a conscience que ce développement (il n'utilise pas encore le mot évolution) va du plus simple vers le plus complexe.

« *Le propre du mouvement organique est non seulement de développer l'organisation, mais encore de multiplier les organes et les fonctions à remplir.* »[70]

Ce thème de la complexité croissante des espèces vivantes fera flores et deviendra une des bases du credo de l'évolution. Il faudra ensuite attendre la fin du XXème siècle pour que certains trouvent des exemples d'adaptation animale au milieu qui vont dans le sens d'une plus grande simplification anatomique. Stephen Jay Gould en particulier. Gould sait ce qu'il dit, mais cela ne détruit pas pour autant cette observation globale d'une évolution

---

[68] Aujourd'hui, l'ouvrage encore utilisé sur ce sujet s'appelle : *Iconographie complète des coquilles fossiles de l'éocène des environs de Paris,* Cossmann et Pissaro, Paris, 904-1906.
Il décrit environ 3 000 espèces.

[69] Jean-Baptiste Lamarck, *Recherches sur l'organisation des corps vivans,* 1802.
Site « lamarck - www.lamarck.net »
Ouvrage numérisé à partir de l'exemplaire conservé à la Bibliothèque de l'Istituto e Museo di Storia della Scienza, Firenze, Italie.

[70] *Op.cit.* p.7 (p 14 du PDF)

qui va du plus simple au plus complexe. C'est un fait « signifiant ».

En, 1791, un médecin de campagne anglais, avait fait paraître un ouvrage intitulé « *Zoonomia* » qui évoquait déjà les thèmes de l'évolution des espèces. Lamarck a-t-il pu s'en inspirer ? Il ne semble pas qu'il ait eu accès à cet ouvrage. Ce médecin s'appelait Erasme Darwin. C'était le grand-père de Charles Darwin.[71]

Lamarck, dans son livre, s'essaie également à tenter une description de l'origine des espèces. Il est conscient de son audace. Il s'attend à ce que d'autres le jugent particulièrement téméraire (probablement les tenants de la religion traditionnelle, mais il ne les nomme pas directement).[72] C'est une témérité condamnable, mais pas aux yeux de celui qui est assez sage : *« pour ne pas assigner à la puissance suprême, créatrice de toute la nature, le mode qu'il a dû suivre pour faire exister tout ce qui est.* » Autrement dit ; ne pas croire que Dieu, dans son œuvre créatrice s'est vu imposer (par qui ?) un schéma structurant particulier. A la différence de Buffon qui s'excusait de son intervention dans le domaine réservé de Dieu, Lamarck l'assume. Mais la Révolution française est passée par là et Chateaubriand n'a pas encore restauré la religion grâce à son *Génie du Christianisme* (1804). Gageons que 15 ans plus tôt ou quelques années plus tard il aurait choisi une formulation différente.

Dans sa présentation, la vie est donc un assemblage doté d'un orgasme vital. *« Dans beaucoup d'animaux (les*

---

[71] La troisième édition du livre d'Erasme Darwin fut traduite en français en 1810 sous le titre : *Zoonomie ou lois de la vie organique.*
[72] *Id.* p. 69 (p. 76 du PDF).

moins parfaits surtout), l'orgasme vital n'existe que par une influence extérieure. »

Cet orgasme vital, parfois appelé irritabilité, permet le développement des animaux, d'autant plus facilement que ceux-ci sont de nature inférieure. Les animaux simples sont plus nombreux que les animaux complexes. Tellement plus aisément que : *« vers l'extrémité qui offre les plus simples, ne seroit-il pas tellement à la portée de la puissance de la nature, c'est-à-dire de l'ordre et de l'influence des choses qui existent, qu'il puisse en être le produit direct ?* »[73]

Et alors, apparaît ce que l'on appelle communément « la génération spontanée » :

« *La nature crée elle-même les premiers traits de l'organisation dans des masses où il n'en existoit pas et ensuite l'usage de la vie développe et compose les organes.* »

« *Sans cette faculté, que la nature crée en formant les corps vivans les plus simples, aucun des perfectionnemens d'organisation, obtenus par l'exercice de la vie, ne seroit conservé.* »[74]

Lamarck avait eu la bonne intuition avec l'évolution vers la complexité. Il se trompe de route avec la création naturelle spontanée.

Cette notion avait déjà été évoquée, notamment par le père Athanase Kircher mentionné au chapitre 7. La respectabilité de ce scientifique « tout terrain » obligera à démontrer qu'il avait tort et les débats seront âpres. En 1859, le médecin Félix Archimède Pouchet publie un long essai de 700 pages : *L'hétérogénie ou traité de la génération spontanée,* pour défendre cette idée. C'est

---

[73] Id. p. 91 (p. 98 du PDF).
[74] Id. p. 203 (p. 210 du PDF).

Pasteur qui imposera l'idée de la fausseté de cette théorie, deux ans plus tard, c'est-à-dire en 1861.

L'inconvénient de cette conception de la génération spontanée, c'est qu'elle n'oblige pas Lamarck à envisager un temps très long. Même s'il ne s'accroche pas aux 4000 ans, en prenant en compte ce phénomène de génération spontanée il n'a pas le besoin qu'éprouveront ses successeurs à cadrer une évolution nécessairement longue dans la durée adaptée. Si le temps manque, il suffit d'imaginer que le rythme des générations spontanées est élevé.

Par contre, à partir de la constatation d'une transformation, la pensée de Lamarck se tourne vers la recherche de l'explication. Quel est le moteur de cette évolution ?

Il décrit l'état de ses recherches sur ce point dans un autre ouvrage, quelques années plus tard, *Philosophie zoologique*, paru en 1809. En particulier dans le chapitre VII : *« De l'influence des Circonstances sur les actions et les habitudes des Animaux, et de celle des actions et des habitudes de ces Corps vivants, comme cause qui modifie leur organisation et leurs parties. »*

Il s'agit pour lui, non d'un raisonnement, mais de la constatation d'un fait positif. Il espère éviter ainsi un débat douloureux du type de celui qui surviendra peu après entre Cuvier et Geoffroy Saint-Hilaire.

Cette constatation est ancienne.

Il rappelle que l'évolution va du plus simple au plus complexe, des plus imparfaits aux plus parfaits des animaux. Notons que l'homme est à part. Mais cette évolution n'offre qu'une gradation irrégulière et sans apparence d'ordre.

Cette irrégularité est due aux influences des contraintes qui sont extrêmement variables d'un point du globe à l'autre. C'est donc sur cette influence du milieu qu'il doit concentrer son attention et à la manière dont les animaux réagissent, sont obligés de réagir, pour s'adapter à ces contraintes. La notion d'adaptation au milieu fait ici son apparition. Buffon avait déjà cru remarquer que lorsque le climat change en se refroidissant, la taille des espèces diminue et inversement. Mais il s'agit alors d'une contrainte à laquelle l'animal n'a aucune part. Il la subit.

Avec Lamarck, l'animal réagit dans son comportement pour s'adapter au contexte. Et, à force d'adopter une attitude particulière qui lui permet de profiter au mieux de son environnement, l'anatomie de l'animal change. Et, en prime, lorsqu'elle a changé, cette transformation se transmet aux générations futures en devenant la nouvelle caractéristique de l'espèce.

« *si de nouvelles circonstances devenues permanentes pour une race d'animaux, ont donné à ces animaux de nouvelles habitudes, c'est à dire les ont portés à de nouvelles actions qui sont devenues habituelles, il en sera résulté l'emploi de telle partie par préférence à celui de telle autre... De nouveaux besoins ayant rendu telle partie nécessaire, ont réellement, par suite d'efforts, fait naître cette partie, et qu'ensuite son emploi soutenu l'a peu à peu fortifiée, développée, et a fini par l'agrandir considérablement.* » [75]

Chez les végétaux, où il n'y a pas d'action, les circonstances amènent pareillement des grands changements dans le développement de leurs parties.

Regardons autour de nous.

Si l'été est sec, l'herbe poussera moins et la récolte du foin sera moins abondante.

Incontestable.

Mais si ces circonstances perdurent un certain nombre d'années (combien ?), la plante aura pris l'habitude de

[75] *Philosophie Zoologique,* p. 222.

pousser moins haut et cela deviendra une constante pour elle.

C'est là où la discussion peut commencer.

L'indice, pour Lamarck, c'est que là où la nature a besoin de temps pour apporter un changement, un botaniste qui fait volontairement des sélections peut arriver au même résultat en beaucoup moins de temps.

Pareillement chez les animaux. D'une race (Lamarck n'utilise pas ici le mot espèce) sauvage, proche du loup, les hommes ont fait une infinité de races de chiens qui ne se ressemblent que de très loin. Quelle différence entre le dogue et le basset !

On arrive au cœur d'un débat qui sera largement repris, mais en sens inverse, par les successeurs de Lamarck. Darwin partira de la capacité observée de faire, par des sélections bien précises, dans des élevages (pigeons, chevaux ou vaches), des variétés ayant des propriétés particulières (vache à lait vs vache à viande, chevaux de courses vs chevaux de labour, etc.) pour imaginer que la nature qui dispose de plus de temps puisse faire diverger, non seulement des variétés, mais aussi faire apparaître des nouvelles espèces. Nous y reviendrons.

Quant aux circonstances naturelles qui ont apporté des changements dans la forme des animaux sauvages, certaines sont bien évidentes :

Les oiseaux avaient des dents, mais la perte de l'habitude de mastiquer les a fait disparaître. On a retrouvé dans leur bouche la rainure où les dents devaient être placées, mais on ne les y aperçoit plus.

La plupart des vertébrés ont des yeux. Mais la taupe qui ne les utilise plus guère n'a que de très petits yeux et à peine apparents.

Les serpents ayant pris l'habitude de ramper sur terre n'ont plus besoin de pattes.

Les grands buveurs qui s'adonnent à l'ivrognerie perdent l'habitude de manger des éléments solides et donc leur estomac se rétrécit.

L'oiseau qui vit sur ou près de l'eau, à force d'étirer ses doigts obtient de la peau entre eux (pattes palmées).

Les soles et les turbots sont devenus plats à force de nager sur le fond et leurs yeux ont subi ce déplacement très singulier que l'on connaît.

Et les exemples s'alignent.[76]

Le plus célèbre est celui de la girafe : *camelo pardalis.*

On sait qu'il s'agit d'un animal qui vit dans des savanes peu herbeuses et donc qui est obligé de manger les feuilles des arbres. Il doit s'efforcer d'atteindre les feuilles les plus hautes. Il résulte de cette attitude, d'une part que ses jambes de devant sont devenues plus hautes que celles de derrières et, d'autre part, que son cou s'est allongé jusqu'à atteindre 6 mètres de hauteur. Et, bien sûr, ce caractère acquis par l'habitude provoquée par les contraintes se transmet de génération en génération.

En définitive : « ... *Le véritable ordre des choses qu'il s'agit de considérer dans tout ceci consiste à reconnoître :*

1°) Que tout changement un peu considérable et ensuite maintenu dans les circonstances où se trouve chaque race d'animaux, opère en elle un changement réel dans leurs besoins ;

2°) Que tout changement dans le besoin des animaux nécessite pour eux d'autres actions pour satisfaire aux nouveaux besoins et par suite d'autres habitudes ;

3°) Que tout nouveau besoin nécessitant de nouvelles actions pour y satisfaire, exige l'emploi plus fréquent de

[76] On se prend à rêver sur l'explication qu'aurait pu trouver Lamarck s'il avait connu l'oxyura vittata, ce canard phallique d'Argentine, dont le pénis (organe absent chez 97% des espèces aviaires) non seulement est présent, mais, déroulé, il fait presque la longueur du corps du canard. Voir *La Recherche*, janvier 2002, N° 349 p. 51.

telle de ses parties...ce qui la développe et l'agrandit considérablement… »[77]

Le terme qui sera appliqué à cette démarche de pensée sera : « évolution par hérédité des caractères acquis. »

Cette pensée deviendra courante durant tout le XIXème siècle. Même concurrencée 50 ans plus tard par les hypothèses darwiniennes, cette théorie restera longtemps évoquée avant d'être éliminée du champ des possibles.

Au cours de la deuxième moitié du XIXème siècle, Edward D Cope, un paléontologue américain évolutionniste, a voulu proposer un modèle « néo-lamarckien » dans lequel le moteur de l'évolution serait des changements au cours de la période embryonnaire du développement des individus. Des stades de développement supplémentaires pourraient apparaître au cours de cette période accélérant ainsi l'évolution d'une forme à une autre au sein de l'espèce. [78]

Cette théorie n'eut qu'un succès limité.

La biologie moléculaire a démontré, ultérieurement, que l'information nécessaire à la construction de l'organisme ne circule que dans un seul sens : du programme génétique vers les protéines qui construisent l'organisme. Pas en sens inverse. Ce qui veut dire qu'un caractère acquis, au cours de la vie ne peut pas se traduire dans le programme génétique qui définira les générations suivantes.[79]

Dans les dernières années du XXème siècle quelques chercheurs mettront cependant en évidence des mécanismes acquis et transmis chez des organismes primaires. Mais ces exemples resteront suffisamment

---

[77] *Id.* p. 233-234.

[78] Edward D Cope,*The primary factors of organic Evolution,* 1896.

[79] C Devillers et J Chaline, *La théorie de l'évolution*, Dunod 1989, p.14.

isolés et de peu de conséquences pour ne pas être repris comme élément d'une explication globale. On parle alors d'épigénétique, lorsqu'un phénomène externe peut influer sur le génotype. L'alimentation d'une mère souris en gestation peut modifier la couleur du pelage, par l'apport de groupes chimiques qui modifie la séquence d'ADN qui code ce caractère. Une alimentation riche en méthyl donne un pelage moins jaune des petits. Ce trait est transmis à la descendance.[80] On note la différence avec la vision de Lamarck. Dans un tel cas, ce n'est pas l'adaptation des organes qui se transmet aux générations suivantes.

Lamarck a été critiqué de son vivant. Cuvier l'a méprisé. Napoléon, empereur, l'a humilié publiquement[81]. Il est devenu aveugle durant les dix dernières années de sa vie pour avoir trop forcé sur les observations aux binoculaire et microscope. Mais il est le premier à avoir formulé une théorie globale de l'évolution.

---

[80] Cf. les propos de Francesca Merlin rapporté dans les *Dossiers de la Recherche* n°33 novembre 2008, p.43.

[81] La scène a été rapportée par Arago dans son *Histoire de ma jeunesse.*

12 – La grande théorie

Pendant que les naturalistes examinaient, avec toute l'attention possible, l'anatomie des animaux et se chamaillaient sur ce sujet, les géologues travaillaient également.

Cela faisait déjà quelque temps que le lien entre les coquillages fossiles et la géologie des terrains avait été utilisé. On a indiqué plus haut que la première carte géologique d'Angleterre était parue en 1815, celle de France en 1816, et qu'elles reposaient sur des données liées à cette correspondance, terrain/fossile.

Alexandre de Humboldt (1769-1859), quoiqu'allemand, a vécu l'essentiel de sa vie, en dehors de ses très nombreux et longs voyages, à Paris. Il fut même en 1845, pour un an, Président de la société de Géographie de Paris. Parfois considéré comme le dernier savant universel (son œuvre s'étend à un très grand nombre de domaines, géographie et sciences naturelles). Il établit un modèle de succession des couches géologiques qu'il inséra dans un de ses discours sous forme d'un tableau qui résume les données géologiques.

Mais l'homme qui donna l'impulsion décisive et eut une influence directe sur Darwin, fut, sans doute, Sir Charles Lyell (1797-1875). Anglais, grand géologue, il publia de 1830 à 1833, en plusieurs volumes, des *Principes de géologie,* après un important travail de stratigraphie en France du sud et en Italie. Il classe les couches selon les coquillages que l'on y trouve. Il définit la notion de tertiaire avec sa classification progressive ; Eocène, Miocène, Pliocène. Ce travail rigoureux l'amène à défendre l'idée d'une terre qui s'est constituée de façon progressive, uniforme et mue par des forces naturelles toujours actives de nos jours.

Cette vision « uniformitariste » s'oppose, naturellement, au « catastrophisme » de Cuvier.

Mais surtout, elle oblige définitivement à réfléchir sur des durées vraiment très longues par rapport à ce que l'on pouvait imaginer. Plusieurs millions d'années sont, de toute façon, nécessaires pour la soutenir.

Au cours des 20 années qui vont suivre, les naturalistes pourront même penser pouvoir compter sur plusieurs centaines de millions d'années.

En 1831, lorsque Charles Darwin, s'embarque, à l'âge de 22 ans, sur le vaisseau *le Beagle* pour un tour du monde, il emporte avec lui l'ouvrage de Lyell.

Lors de ce voyage, il remarque notamment que la faune (en particulier les pinsons) des îles Galapagos est proche, mais quand même un peu différente de celle qu'il a pu observer en Amérique du Sud. Il envisage que la séparation des deux milieux écologiques puisse être récente, mais suffisante pour avoir permis une « évolution légère » qui expliquerait par exemple les variations de la forme du bec entre ces deux milieux[82].

Darwin est croyant. Tout au moins, certainement au début de sa vie. Lorsqu'il découvre les kangourous en Australie, devant une telle différence par rapport à ce qu'il connaissait, il se demande même s'il n'y a pas eu deux créations ? Les découvertes qu'il fait au cours de son long périple, notamment aux îles Galapagos, l'entraînent dans des réflexions dont on se demande encore aujourd'hui jusqu'à quel point elles ont pu perturber ses convictions religieuses. Ce qui est sûr, c'est qu'il accepte, résolument,

[82] Charles Darwin, *Voyage d'un naturaliste autour du monde* « fait à bord du vaisseau le Beagle de 1831 à 1836 ».

de mettre de côté les théories biblistes créationnistes pour être plus libre d'imaginer des pistes nouvelles.

Pas totalement nouvelles cependant.

Le révérend Adam Sedgwick, géologue britannique (1785 – 1873) qui enseigna, les sciences naturelles à Darwin admettait qu'il y avait eu une « progression organique ». A une certaine époque indiquait-il, les céphalopodes avaient constitué le plus haut degré d'organisation de la vie animale, puis ce furent les poissons, puis les reptiles, ensuite les mammifères et enfin l'homme.

La genèse de la pensée de Darwin est longue. Elle peut être suivie par ses carnets personnels, en particulier le carnet B commencé en 1837.[83] On y suit ses hésitations personnelles qui prennent la forme de désaccords périodiques avec Lyell, mais qui ne sont que le reflet des désaccords de Darwin avec lui-même. De la même façon, il hésita sur les critiques que Lyell apportait aux analyses de Lamarck. Mais, en définitive, Lyell eut une grande influence sur sa pensée, notamment parce que celui-ci le libère des contraintes de temps. La *Zoonomia* de son grand-père, Erasme Darwin, dans lequel il classait les maladies de manière Linnéenne l'inspire également.

En somme, tout est en place pour imaginer la nouvelle théorie, basée sur l'acquis des chercheurs précédents, mais le dépassant largement.

Tout est tellement en place, qu'en 1859 il y a au moins deux chercheurs qui sont arrivés, indépendamment l'un de l'autre, à la même conclusion. Il s'agit d'Alfred Russel Wallace (1823-1913) et de Charles Darwin (1809 –

---

[83] La genèse de la théorie de Darwin est synthétisée dans l'article de Jonathan Hodge, de l'université de Leeds en Grande Bretagne, traduit de l'anglais en français sous le titre « Comment est né la théorie de Darwin » dans les *dossiers de la Recherche,* n°33, novembre 2008, pp. 8 à 13.

1882) : Le facteur clé de l'évolution est la sélection naturelle.

Les deux hommes auraient pu faire paraître les conclusions de leurs travaux exactement en même temps. Heureusement pour Darwin, deux de ses amis, Lyell et Hooker, résolurent le problème en faisant passer à la société Linnéenne de Londres deux articles de Darwin, suivis, d'un article de Wallace. Le procédé était correct, mais Darwin conservait ainsi sa « priorité ». Wallace, n'en sut rien ; il voyageait au loin. L'ouvrage de Darwin paru, il resta dans les mémoires. Le nom de Wallace tomba dans l'oubli.

Le livre : *L'Origine des espèces au moyen de la sélection naturelle ou la lutte pour l'existence dans la nature* est paru en 1859. Il a connu plusieurs rééditions en Angleterre avec quelques variantes par rapport au texte originel[84].

Quels sont les points forts de la pensée de Darwin, à ce stade ?

1°) Constatation d'une variabilité intra-spécifique : au sein d'une même espèce, tous les individus sont différents. Ces différences peuvent être faibles, mais elles existent. Ce point n'est pas contesté. Un berger qui vit avec son troupeau de mouton sait reconnaître chaque bête, car chaque bête diffère des autres bêtes du troupeau. A l'époque de Darwin, en Allemagne, des bergers se

---

[84] La bibliographie est, évidemment, gigantesque sur ce sujet. A l'occasion du centenaire de la mort de Darwin, *La Recherche* a publié une synthèse de Pierre Thuillier sous le titre : « Darwin était-il darwinien ? »,

N° 129 janvier 1982, pp. 10 à 25, avec une bibliographie assez fournie. Cet article sert de trame de base à la présente présentation.

Par la suite, l'édition utilisée pour *l'origine des espèces* est celle de Maspéro, Paris 1980, qui est la traduction française de la 6ème édition anglaise par Raymond Barbier (reprise de l'édition française de 1876 publiée par Reinwald et Cie).

lançaient des paris qu'ils seraient capables de reconnaître chaque mouton dans un troupeau de 100 têtes au bout de quinze jours. Et certains gagnaient. De nos jours, un piqueux qui entretien une meute de plusieurs dizaines de chiens de chasse, tous de même race, les connaît et les reconnaît individuellement, là où le spectateur ne voit que des bêtes identiques.

Cette, parfois très légère, variabilité est au cœur de la théorie de Darwin, car elle permet d'individualiser chaque individu en lui donnant une capacité différente de celle de ses congénères.

2°) Darwin observe que les éleveurs d'animaux domestiques sont capables de sélectionner, dans une race donnée, des individus ayant une particularité intéressante (à partir de cette variabilité naturelle au sein de l'espèce). En faisant se reproduire entre eux ces individus sélectionnés, ils obtiennent, après une ou deux... ou plusieurs générations, un groupe d'individus présentant majoritairement cette particularité. En continuant la reproduction et en choisissant, systématiquement et de manière très sélective, les individus du groupe qui se rapprochent le plus de la caractéristique souhaitée, on finit après un certain nombre de générations par obtenir un groupe d'individus homogène et assez différents de ceux du groupe initial. On a alors créé une race nouvelle.

Darwin a beaucoup observé les pigeons, qui partent tous d'une souche commune, le pigeon biset, présentant deux bandes noires sur les ailes. A partir de ce tronc commun la nature ou les éleveurs ont obtenu des variétés différentes, sur lesquelles les bandes alaires ne sont plus, parfois, qu'à peine perceptibles.

Mais cette observation vaut également pour les chevaux, les chiens, les vaches, bref tous les animaux domestiques. Elle vaut aussi, naturellement, pour les plantes, bien que Darwin ne se soit véritablement penché sur la botanique que plus tard. Ce n'est qu'après 1859 qu'il se retranche dans les cinq serres de son jardin de Down House pour en tirer le maximum d'éléments susceptibles de confirmer sa théorie.[85]

On a indiqué, au chapitre précédent, que Lamarck avait déjà fait cette remarque sur la possibilité de création d'une race nouvelle par l'élevage, mais il ne la plaçait pas au cœur de sa théorie comme Darwin.

3°) Ces variations d'un individu à l'autre, au sein de la même espèce, même si elles sont minces, peuvent apporter à certains individus, dans la nature (et non plus en élevage domestique), par rapport à leurs congénères, soit un avantage, soit un handicap, en considération de son mode de vie et du milieu ambiant dans lequel il se trouve placé.

On est vraiment là au cœur de la théorie.

Car, si ce point est accepté, cela signifie que l'individu, ou plutôt le groupe minoritaire, des individus qui possèdent une caractéristique avantageuse, survivra, majoritairement, mieux que le restant du groupe, et, par conséquent, de génération en génération deviendra plus nombreux, puis majoritaire à son tour et finira par faire disparaître les autres individus du groupe. De telle sorte que, après un certain temps, l'espèce présentera globalement une anatomie différente de celle des individus d'origine.

4°) Ce processus de sélection naturelle est de même nature que la sélection artificielle menée par l'éleveur, mais comme elle est moins systématique, elle prendra beaucoup plus de temps, car elle ne peut se faire que graduellement par succession de micromutations et d'opportunités liées à l'environnement.

---

[85] Sur Darwin et la botanique, on peut se reporter à l'article de Oliver Sacks, traduit en français sous le titre « Darwin et le secret des fleurs » dans *la Recherche*, n° 427, février 2009, pp. 44 à48.

Mais, ce n'est pas une difficulté, puisque dorénavant, du temps, on en dispose et même beaucoup.

Donc, si les éleveurs qui disposent d'un temps limité, même s'ils sont plus systématiques dans leur sélection artificielle, réussissent à créer une race nouvelle au sein de la même espèce, la nature, certes moins efficace, mais disposant de durées infiniment plus longues, peut parfaitement, en différenciant de plus en plus les races d'une même espèce, finir par créer une, puis des espèces nouvelles.

Cette description du mécanisme Darwinien ; évolution par la sélection naturelle du plus apte à survivre, peut paraître un peu théorique. Prenons un exemple concret pour mieux comprendre comment le processus peut fonctionner, au moins dans un cas précis.

Le papillon communément appelé Phalène du bouleau (nom savant : *Biston betularis*) est, à l'état naturel, majoritairement blanc moucheté de noir (forme normale). Une faible proportion est noire (forme dite mélanique).

Comme son nom commun l'indique, on trouve fréquemment ce papillon posé sur le tronc du bouleau.

Le Natural History Museum de Londres présente deux boîtes de collections à couvercle de verre, présentant des Phalènes du bouleau. La première a été constituée à partir d'individus chassés au début du XIXème siècle. Ils sont majoritairement blancs et blanc mouchetés de noir.

La deuxième caisse présente un nombre à peu près équivalent de spécimens, mais ramassés au début du XXème siècle. Ils sont majoritairement noirs et noirs tachetés de blanc.

Que s'est-il passé entre les deux ?

Réponse : la Révolution industrielle.

En effet, le tronc du bouleau est naturellement blanc avec des taches noires. Un papillon blanc posé sur le tronc est visuellement discret. Il échappe donc plus facilement à l'œil de ses prédateurs potentiels que ses congénères noirs.

La Révolution industrielle a induit une pollution, due notamment à la poussière de charbon. La suie se dépose sur les troncs, notamment des bouleaux, qui noircissent progressivement. Le papillon blanc devient donc naturellement plus visible. Les individus noirs, au contraire, bénéficient de l'avantage de leur couleur sombre et échappent alors plus facilement aux prédateurs. Ils sont donc plus nombreux à se reproduire et progressivement deviennent majoritaires.

Une telle évolution est parfaitement caractéristique de la théorie de Darwin. Deux individus de la même espèce sont un peu différents. Une forme présente un avantage dans un certain environnement. Si celui-ci change cette forme, ou caractéristique, peut devenir un handicap (ou l'inverse) et alors la forme générale de l'espèce évolue.

Disons tout de suite que ce cas, apparemment simple, a été longuement discuté entre « évolutionniste et « créationniste ». Si la pollution diminue, la forme claire réapparaît. Doit-on alors parler d'évolution ou simplement d'adaptation périodique au milieu ? Chacun interprétant les faits dans le sens de ses convictions.

Il n'en reste pas moins que ce cas illustre bien et simplement ce que veut dire Darwin par « Sélection naturelle du plus apte à survivre ».

Ces principes étant posés, Darwin insiste sur le fait que seules existent des micromutations. Donc l'évolution ne peut se faire que de manière extrêmement progressive et graduelle. Entre deux formes, existantes aujourd'hui, il a dû y avoir toute une série de formes intermédiaires. Ce point est très important dans la démonstration de Darwin. Il y revient régulièrement tout au cours de son livre. Sans doute parce qu'il y croit. Probablement aussi parce que c'est plus facile à faire croire. L'idée qu'il puisse y avoir habituellement entre deux individus une grande différence (théorie des monstres) n'est tout simplement pas acceptable.

Cette insistance sur un gradualisme très progressif ne peut que nécessiter une durée encore plus longue.

La notion de sélection naturelle sur les mécanismes évolutifs est très forte chez Darwin. Elle est généralement la seule bien connue. Il faut cependant souligner que dans son esprit il existe d'autres mécanismes. En particulier la sélection sexuelle. Le choix du partenaire sexuel dépend des caractères qui attirent les partenaires. Ces caractères s'accumulent par transmission héréditaire. Il ne s'agit pas d'une variante du mécanisme de la sélection naturelle, mais bien d'un mécanisme en soi. Celui-ci joue un rôle tout particulier dans l'évolution de l'homme. Il amènera Darwin à publier un ouvrage qui lui soit consacré en 1871 : *La descendance de l'homme et la sélection sexuelle*.

Darwin était croyant dans sa jeunesse. Après de nombreuses années d'hésitation, il a sauté le pas en émettant publiquement une théorie qui est manifestement contraire au créationnisme biblique. Sa position personnelle vers la fin de sa vie vis-à-vis de la religion fait encore débat parmi les spécialistes.

Notons l'évolution inverse de Wallace. Par la suite il se tint à l'explication de l'évolution par la sélection naturelle et refusa toute autre explication complémentaire : il en fut plus darwinien que Darwin. Mais il montra qu'il avait à l'esprit que cette sélection naturelle était l'œuvre d'une force « surnaturelle », mais pas chrétienne.

Cuvier pouvait encore se raccrocher à l'idée de création, même si, implicitement, sa théorie des catastrophes supposait non pas une, mais des créations multiples. Avec la théorie de l'évolution ce n'est plus possible, du moins tant que l'on s'attache uniquement à la lettre du texte de la Bible. Cette théorie donne un sens à la remarque formulée lors du débat Cuvier vs Geoffroy Saint Hilaire ; la nature se serait-elle libérée de son créateur ? Cuvier était inquiet à l'idée que l'on pourrait ne jamais lever l'énigme du « comment ? » Darwin lui apporte une proposition de réponse posthume.

Naturellement cette proposition, qui est appelée à un grand avenir, recevra également un flot de critiques, dont certaines ne seront pas dénuées de sens.

13 – 1859 : l'année charnière

En 1859, Darwin publie « *l'Origine des espèces.* »

La même année, les circonstances font que le monde scientifique accepte de prendre en considération la très haute antiquité de l'homme.

Revenons sur les circonstances.

Darwin dans son ouvrage n'avait pas parlé de l'homme. Il n'expose sa théorie que pour les animaux en évitant l'écueil majeur de la spécificité humaine. Cuvier, rappelons-le, avait délibérément exclu la possibilité de prendre ce cas en considération en déclarant, sans ambages, dans ses *Discours sur les révolutions à la surface du globe*, qu'il n'y avait aucune trace de restes anciens de l'homme : « On n'a jamais trouvé d'os humains parmi les fossiles. » Il précise, quand même prudemment, que l'on n'en a jamais trouvé dans des couches régulièrement en place. Car il imagine le cas d'un sol tourmenté par des érosions et éboulements successifs, comme dans des grottes par ex. Il se pourrait que l'on y trouve des os humains en compagnie d'ossement d'animaux disparus, mais cela n'aurait alors aucun sens stratigraphique et donc n'apporterait aucune preuve de coexistence.

On savait depuis longtemps qu'il existait des pierres taillées, voire polies, traces manifestes d'activités humaines, mais on ne leur attribuait pas une ancienneté antérieure à l'antiquité classique. On les appelait souvent « pierre de foudre » et l'on en trouvait parfois effectivement sous les fondations d'autels ou de temples anciens, placées là sans doute dans un but rituel.

Mais, dès le début du XIXe siècle, des fouilleurs avaient déjà repéré des traces d'activités humaines, sous forme de pierres taillées, en place et manifestement indépendantes de toutes constructions antiques.

Le premier à se faire connaître dans cette recherche s'appelait Jacques Crèvecœur de Boucher de Perthes (1788-1868). Originaire des Ardennes et directeur des douanes, il termina sa vie dans la Somme où les terrasses alluviales du fleuve permettent d'observer une stratigraphie à peu près continue. Il y découvre des pierres taillées, aujourd'hui appelées bifaces Abbevilliens ou Acheuléen selon leur forme et lieu de découverte, qui sont, en place, dans des niveaux anciens.

Seulement, les méthodes de recherches de Boucher de Perthes ont été critiquées, car elles étaient critiquables. Il employait des ouvriers à creuser, sans être lui-même sur place et les payait lorsque ceux-ci ramenaient une « belle » pierre taillée. Inutile de préciser que, comme la rémunération était correcte, certains ouvriers ne se firent pas faute de tailler les pierres eux-mêmes. Ce fut donc, au début, un joyeux mélange de bifaces vrais et faux. Ceci ne fit guère progresser la science, mais laissa planer de sombres doutes sur le découvreur.

De son côté, Paul Tournal (1805-1872), pharmacien de son état et géologue de passion, fouilla la grotte de Bize, aux environs de Narbonne, dans les années 1825 - 1833. Il y trouva des traces de l'activité humaine ensevelies dans les mêmes couches que celles contenant des restes d'animaux appartenant à des espèces disparues. Convaincu de cette contemporanéité il fit connaître le résultat de ses travaux à Paris.

Ses mémoires successifs ne rencontrent que mépris, d'une part à cause de la morgue supposée de ces « beaux messieurs de Paris » pour les provinciaux, mais d'autre part, car, s'agissant d'une grotte, Cuvier refusa net de voir un commencement de preuve dans cette simultanéité. En effet, le sol des grottes est souvent chamboulé. Cuvier est, dans ce cas, cohérent avec lui-même. Tournal, dépité, arrête ses recherches durant plusieurs années. Quand il y reviendra dans les années 60, le climat aura changé. Les chercheurs, nombreux, qui ont ultérieurement fouillé la grotte de Bize sont restés très indulgents à l'égard des conclusions de Tournal, en constatant que les conditions du remplissage géologique de la grotte étaient effectivement extrêmement complexes.

Le climat du deuxième quart du XIXème siècle est donc encore très réservé sur ce qu'il a pu advenir de l'homme, alors même que quelques témoignages auraient pu être pris en considération.

Cette réserve est soutenue par des raisons pertinentes en partie, mais aussi parce que le climat religieux reste tendu, même si les premières concessions à la science nouvelle de l'évolution apparaissent.

Le livre qu'en 1854, un religieux, l'abbé Sorignet, fait paraître à Paris, en le dédiant à son supérieur est assez symptomatique de cet état d'esprit « entre-deux ». C'est un ouvrage intitulé simplement : « *La cosmogonie de la Bible devant les sciences perfectionnées, ou la révélation primitive démontrée par l'accord suivi des faits cosmogoniques avec les principes de la science générale.* » Rien que cela !

Le livre est imposant. Pour en tenter une synthèse, l'idée de Sorignet est de démontrer que l'Evolution, telle que la science la voit, correspond bien à l'ordre programmé par la Genèse (matière première, puis végétaux, puis animaux, puis, enfin, l'homme).

Mais il reste discret sur le problème de la durée qu'il n'évoque que pour les trois premiers jours, en faisant une longue digression entre la lumière et la lumière ressentie par l'homme, c'est-à-dire le jour. Ce qui, sans qu'il le dise expressément, pourrait justifier une durée longue des trois premiers jours. Cette explication un peu alambiquée permet d'accepter l'épaisseur du temps tout en réglant, indirectement, le problème de l'évolution possible de l'homme, puisque celui-ci n'apparaît qu'après, lorsqu'une journée devient vraiment une journée.

En somme, évolution ? Après tout pourquoi pas ? Mais l'homme reste un cas à part.

Vers la fin des années 50, Boucher de Perthes, sensible aux critiques qu'il reçoit, attache une plus grande importance aux conditions des fouilles qu'il mène et se rend, lui-même, de plus en plus fréquemment sur le terrain pour suivre les travaux directement et bien s'assurer de la provenance exacte des pièces présentées.

A partir de 1858, en Angleterre, des fouilles sont menées dans la grotte de Brixham, près de Torquay, sous l'expertise de personnalités prestigieuses dont Lyell. C'est encore une grotte, mais le terrain semble là véritablement vierge.

Arrivé à ce point, Boucher de Perthes pense pouvoir inviter les savants à vérifier par eux-mêmes que les artefacts humains trouvés proviennent bien de couches géologiques profondes, donc anciennes.[86]

Le 1er novembre 1858, Falconer, un anglais réputé scientifique sérieux, se rend à Abbeville. Il y rencontre Boucher de Perthes et à son retour il fait part de sa visite à un autre personnage important, Joseph Prestwich. Celui-ci se rend à son tour sur place en compagnie de John Evans en avril 1859. Le 27, ils voient une « hache » in situ, laissée à leur intention.

---

[86] Sur cet épisode clé de la prise de conscience de l'ancienneté de l'homme, voir : *Dans l'épaisseur du temps « Archéologues et géologues inventent la préhistoire »,* Collection d'articles coordonnée par Arnaud Hurel et Noêl Coye, Publication scientifique du Muséum national d'Histoire Naturelle, Paris, 2011.

De retour, les deux voyageurs font deux présentations, l'une à la Royal Society, l'autre à la Société géologique de Londres. Ils reviennent en mai accompagnés d'autres membres de la Société Royale et Géologique de Londres. Puis, à son tour, Lyell fait le voyage de Picardie (26-27 juillet 1859).

Le 15 septembre 1859, Lyell, devant l'Association britannique pour l'avancement des sciences annonce sa conversion à la haute antiquité de l'homme, en raison des preuves apportées par les découvertes de Brixham et d'Abbeville.[87]

La même année, Albert Gaudry (1827 – 1908) du Muséum de Paris et auteur de publications reconnues fait à son tour deux visites à Abbeville, en juillet et en août. Sur place il s'astreint à rester avec les ouvriers pour être sûr que l'on trouve des « haches » du diluvium dans des couches où l'on retrouve des restes *d'Elephas primigenius* ou de *Rhinoceros tichorhinus*. Il fait creuser lui-même une profonde excavation, sous ses yeux, où l'on retrouve neuf haches associées à des restes de chevaux fossiles.

Gaudry présente un mémoire très détaillé le 3 octobre 1859 sur le résultat des fouilles. Léonce Elie de Beaumont, secrétaire perpétuel de l'Académie des sciences et, comme indiqué précédemment, cuviériste convaincu, agit, pense-t-on, pour faire retirer les passages du mémoire trop favorable à Boucher de Perthes, mais la Société géologique de France écoute Gaudry et accueille dans son bulletin la version intégrale du mémoire censuré.

Les choses sont dites. Français et Anglais sont revenus à égalité dans cette recherche et les sensibilités nationales peuvent être satisfaites. L'idée que l'homme est très

---

[87] Lyell Charles ; « De la présence d'objets fabriqués par l'homme dans des dépôts post pliocène »,
Références complètes : *Dans L'épaisseur du temps,* p. 17.

ancien devient acquise de part et d'autre de la Manche. Il est contemporain de restes d'animaux disparus.

Mais alors d'où vient-il ? Il existe toujours un hiatus entre l'évolution des animaux et les origines de l'homme, de plus en plus criant à mesure que l'ancienneté de ce dernier devient une évidence. Et que veut dire ancienneté ?

D'Omalius d'Halloy avait dans les années trente déjà indiqué que l'on ne pouvait pas mettre en cause la Bible quand elle affirme que Dieu a créé l'homme. Mais dans les premiers temps, au moment de la formation des terrains houillers, il fallait que ses poumons soient adaptés à une atmosphère contenant une quantité de gaz carbonique suffisante pour faire mourir les hommes. Donc, ce n'était pas tout à fait le même homme qu'aujourd'hui.

Si les hommes de cette époque étaient adaptés à des conditions aussi dures, cela nous permet de comprendre leur longévité ; celle des patriarches dont parle la Bible dans la Genèse.

Cela permet encore de faire coller le récit de la Genèse aux découvertes récentes, mais arrivé à ce point, ce n'est plus la Bible qui sert de référence pour expliquer celles-ci, mais le niveau de connaissance scientifique qui oblige à réinterpréter la Bible. L'ordre des facteurs est, dès lors, inversé. Ce phénomène ne fera que s'accroître au cours du siècle et demi suivant.

A partir de ce moment, Dieu n'est plus seulement le « démiurge » qui crée tout d'un coup. Il n'est plus uniquement au commencement, pas plus qu'il n'est achèvement de la création, mais il devient « impulsion de vie », « élan de croissance », « puissance aspirante » d'un élan vers l'avenir. Dieu ne peut s'accomplir que dans le mouvement de la vie.[88]

---

[88] Voir références à ces notions développées par les philosophes dans : *Dans l'épaisseur du temps, op.cit.* p. 126 et suivantes.

Boucher de Perthes, accentue cette « déliaison » entre le ciel et la terre. L'œuvre de base de Boucher de Perthes s'intitule : *Des antiquités celtiques et antédiluviennes.* L'ouvrage est paru en trois volumes, 1847, 1857,1864. C'est dire que l'idée de l'ancienneté de l'homme a été soulignée avant les évènements de 1859, mais Boucher reconnaîtra ultérieurement que ses arguments d'alors étaient un peu légers. Indépendamment du fait que des artefacts avaient été trouvés dans des milieux où se trouvaient des restes d'animaux disparus, il mettait également en avant la forme de ces silex taillés, dans lesquelles il voyait des faces humaines sciemment sculptées. La suite a bien montré qu'il n'en était rien.

En outre, toujours très marqué par l'influence de la théorie des catastrophes de Cuvier, Boucher voit bien deux hommes différents, avant et après le déluge. Cette hypothèse offre l'avantage de ne pas vraiment remettre en cause la date de la création d'Adam, car la longévité de la terre et évolution possible, ou catastrophes répétées, ne concerne que les animaux. La dernière catastrophe, le déluge voit apparaître l'homme actuel, différent d'Adam, mais bien situé dans la chronologie biblique.

Par contre en 1860, Boucher, dans son discours « *De l'homme antédiluvien et de ses œuvres* » peut enfin reprendre le principe d'uniformité en géologie ; action lente de causes de même nature que les causes actuelles et ayant opéré avec la même intensité et non des catastrophes, convulsions ou déluges. En adaptant ce principe d'uniformité, sur lequel il exprime néanmoins des doutes, il s'inscrit dans les idées de Lamarck sur une évolution progressive du vivant.

L'homme s'inscrit dans ce vivant en progrès : *« les végétaux, les animaux, les hommes ne sont qu'une seule et même famille, que les mêmes individus, à des époques différentes de leur formation, et de leur croissance, ou de leur décroissance. L'animal s'il n'est l'homme abruti ou déchu, est l'homme fœtus, l'homme enfant.* »[89]

Cette très belle envolée lyrique n'exclut pas que l'homme soit arrivé le dernier, donc très récemment…et donc toujours dans une chronologie que l'on peut relier à la Bible.

Pourtant, dès cette époque, l'idée d'un antagonisme fort entre science et religion est déjà abordée. G Pouchet publie dans *Le Progrès* du 20 mai 1859, un article au ton fort : *« Rien de commun entre la Science et la Foi, rien de commun entre Les Religions et la Science* ». Il se fait le précurseur d'un discours, peu conciliateur, voie dans laquelle seront nombreux ceux qui s'y engageront, pas toujours d'une manière très constructive.

Albert de Lapparent (1839 – 1908), catholique fervent et professeur de géologie se désole de cette opposition : « *Si ces maudits silex, dans le sein de la terre, pouvaient être englouti comme un fâcheux poison. Mais hélas, il n'est pas un seul propriétaire qui, dans son potager en rencontre à foison…* » Cet hymne publié en 1867 [90] représente une génération d'hommes perturbés par ces découvertes, mais qui s'adaptent à la situation sans pour autant renier leur foi religieuse. Il faut savoir composer.

Et, on s'adapte. *Les annales de philosophie chrétiennes* publient en 1859 une partie des débats, dont les deux lettres de Prestwich donnant raison à Boucher de Perthes. En Allemagne, en revanche, la presse religieuse ne parle pas de Boucher de Perthes.

Alors, en 1871, à Londres, Charles Darwin publie : *La descendance de l'homme et la sélection sexuelle.* L'ouvrage sera traduit en français dès l'année suivante, en 1872.

---

[89] *Id.* p. 125.
[90] *Id.* p. 279.

12 ans après *l'origine des espèces*, Darwin n'évite plus le sujet humain, il le centre. Selon des principes clairement inspirés de la Sélection naturelle et de la survie du plus apte, il présente l'homme comme une évolution par rapport aux grands singes. Il est au courant des évènements de 1859. Il assume pleinement l'épaisseur du temps et il n'est plus question de rechercher la moindre correspondance avec le récit biblique.

Le temps des critiques vives, souvent outragées, parfois scientifiques, avec plus ou moins de bonne foi est arrivé. Le débat de fond peut s'ouvrir ; il dure encore aujourd'hui.

14 – Il n'y a plus de limite de temps !

La théorie de Darwin, en particulier à partir du moment où elle inclut expressément la généalogie de l'homme dans le phénomène évolutif, donc plus particulièrement après 1871, suscite très vite des réactions indignées. L'idée que l'homme ait pu franchir tous les stades de l'animalité avant de devenir ce qu'il est a du mal à passer auprès du grand public. C'est l'époque où l'on caricature Darwin avec sa tête barbue posée sur un corps de singe velu.

On peut aisément s'imaginer les commentaires dans les grands salons des gens biens : « Imaginez-vous, cher cousin, ce que je viens d'apprendre. Il paraîtrait que notre arrière-grand-tante Jeanne aurait été une guenon. Mon Dieu quelle horreur ! » L'ironie cachant difficilement la véritable indignation.

Il faudra du temps pour que cette idée fasse son chemin, d'autant qu'à cette époque, même si l'ancienneté de l'homme commençait à être démontrée, comme rapporté au chapitre précédent, l'on n'avait pas encore trouvé, et reconnu, de fossiles humains montrant l'homme différent de ce qu'il est de nos jours. Ni dans l'esprit de Boucher de Perthes, ni dans celui de Lartet qui commence à décomposer l'âge de la pierre en deux époques (ancienne ou pierre taillée et nouvelle ou pierre polie), il faut réfléchir sur des fossiles humains bien différents de l'homme actuel. L'ancienneté de l'homme n'est pas encore liée à son origine animale.

Dans sa séance du 16 janvier 1837, Lartet avait bien présenté à l'Académie des sciences une mandibule de singe fossile (Pliopithécus antiquus) découverte par lui l'année précédente dans le Gers. Cuvier, à cette date était mort depuis quelques années, mais son fidèle défenseur, Elie de Beaumont, s'est chargé de refroidir l'enthousiasme des membres assistant à cette présentation et la pièce fût jugée non convaincante.

En 1863, on appelle Boucher de Perthes pour terminer de dégager une mandibule humaine fossile, près d'Abbeville, à Moulin-Quignon. Aussitôt des doutes sont émis sur son authenticité. Chacun se prononce pour ou contre. Une commission mixte franco-anglaise examine le sujet et se prononce pour l'authenticité. Boucher de Perthes est alors promu officier de la Légion d'Honneur.

On sait aujourd'hui que cette mandibule était un faux.

Il n'empêche. Même si rien de définitivement probant n'est encore exhumé, on se situe dans un état d'esprit où il devient normal de rechercher des états antérieurs de l'anatomie de l'homme. Et on sait maintenant que cette recherche a été particulièrement fructueuse au cours des 150 années suivantes.

Mais, par-delà les réactions socialo-médiatiques, et avant même que le nombre de restes de pré-humains découverts s'accroisse de manière importante, une question sérieuse se pose immédiatement. Selon la théorie de Darwin, l'évolution par sélection naturelle se fait par des micromutations successives, c'est-à-dire par de toutes petites étapes qui interviennent chacune fortuitement. Elle implique donc un temps très long.

Au moment où Darwin publie son « *Origine des espèces* », la réponse lui paraît évidente. Il a du temps : « *quiconque peut lire le grand ouvrage de sir Charles Lyell sur les principes de la géologie auquel les historiens futurs attribueront à juste titre une révolution dans les sciences naturelles, sans reconnaître la prodigieuse durée des périodes écoulées, peut fermer ici ce volume.* » Ecrit-il.

Cette perception est partagée par l'ensemble de la communauté des géologues et des paléontologues. Elle est effectivement largement due à Lyell et à son principe d'uniformitarisme qui, peu ou prou, évacue la question d'un début et d'une fin puisque les forces de sédimentation et d'érosion sont toujours les mêmes et toujours en action. Sans début et sans fin, la question de la durée s'aborde plus aisément !

Malheureusement, en face de cette certitude, il y a un nom. le physicien William Thomson (1824-1907), plus connu sous le nom de Lord Kelvin.[91]

Kelvin est un physicien de renom. Il a imaginé une mesure de la température absolue dont l'unité porte encore son nom et est toujours utilisée (le zéro absolu en degré K équivaut à -273°C). Il a été anobli, a récolté de nombreuses distinctions et son statut de « grand scientifique » l'auréole à un point où, un peu comme Cuvier en France au début du siècle, il devient progressivement difficile de contester sa parole.

Et Kelvin s'invite dans le débat sur l'ancienneté de la terre.

Il considère, un peu comme Buffon un siècle plus tôt, que la terre subit un long processus de refroidissement. Il cherche donc à évaluer le temps en fonction de la température résiduelle. A la différence de Buffon qui n'avait que des moyens expérimentaux rudimentaires, lui dispose d'outils théoriques puissants. Il vient justement de contribuer personnellement à affiner les lois de la thermodynamique.

---

[91] De ce débat entre les naturalistes et géologues d'une part, le Physicien Lord Kelvin d'autre part, deux articles de *la Recherche* rendent compte :
Yves Gingras « Mais quel âge a donc la terre ? » n° 434, octobre 2009, pp 92 -94.
Pascal Richet « La radioactivité, le soleil, la terre et la mort de Kelvin » n° 291, octobre 1996, pp. 78-83.

Et, tout calcul fini, le jugement du sage tombe. En 1862, il ne met à la disposition des naturalistes et géologues pas plus de 100 millions d'années. Si la terre était nettement plus vieille, elle serait devenue complètement froide. Ainsi que le soleil du reste ! La vie n'y serait plus possible. Cela voudrait-il dire que s'il continuait ses calculs pour le futur, il se sentirait capable d'estimer la date de la fin du monde. Comme Buffon ?

On ne peut l'affirmer. Ce que l'on sait c'est qu'il ne le fit pas. Et heureusement pour lui, car, croyant convaincu et donc adversaire résolu de la théorie de Darwin, il se serait mis lui-même en porte à faux vis-à-vis de ses propres convictions religieuses. On ne se met pas impunément à la place de Dieu !

Ce chiffre de 100 millions d'années jette un froid sur la communauté des géologues et naturalistes.

Au début, ils semblent se résigner à ce chiffre. Mais, progressivement, il apparaît nettement insuffisant, aux premiers pour expliquer l'état de la terre simplement par les forces en action détectées, aux deuxièmes pour que la théorie de la sélection naturelle puisse produire un monde du vivant tel que nous le connaissons de nos jours. Il faut dire que ni les uns ni les autres ne disposaient vraiment d'outils permettant des chronologies absolues. Il fallait se contenter des chronologies relatives rendues possibles par les études stratigraphiques : les couches les plus profondes sont les plus anciennes. C'est incontestable, mais cela ne nous avance guère quand il faut mesurer le temps.

Dans la première édition de son *Origine des espèces*, Darwin évoquait le chiffre de 300 millions d'années. Dès la deuxième édition, parue un mois seulement après, il nuance le chiffre. Dans la troisième édition, il s'abstient de donner une valeur, même si l'idée d'une grande longueur de temps est toujours sous-jacente.

En 1867, Lyell avance le chiffre de 240 millions d'années. Mais, prudemment, face à des modèles mathématicophysiques qu'il ne comprend pas complètement comme beaucoup d'autres naturalistes, il retire ce chiffre des éditions ultérieures de ses *Principes de géologie*, suivant en cela la prudence de Darwin.

Thomas Huxley, dans l'espoir de défendre Darwin envisage que les calculs de Kelvin soient justes, mais basés sur des prémisses fausses. Mais comme il ne sait pas par quoi il faut remplacer ces prémisses, il préfère battre retraite.

Finalement, les géologues se demandent si, après tout, les phénomènes naturels comme l'érosion ne seraient pas plus puissants, plus efficaces qu'imaginés et donc avec des effets plus rapides qu'on ne le pense.

Darwin, dans sa dernière édition admet que la vitesse d'évolution est sans doute un peu plus rapide qu'il ne l'imaginait au départ.

Et le débat s'enfle jusqu'à la fin du siècle. Kelvin attaque Lyell en disant que sa théorie de la terre est incompatible avec les lois de la physique.

Au moment où géologues et naturalistes sont sur le point de se résigner à accepter le petit 100 millions d'années annoncé par Kelvin, celui-ci, du haut de sa position éminente, annonce, en 1897, qu'il a refait ses calculs et que, décidément, entre 20 et 40 millions d'années, c'est bien suffisant.

Consternation !

Il n'y a pas de solution.

Et pourtant, il y en avait une et elle vint d'ailleurs : de Néo-Zélande et de France.

Ernest Rutherford (1871-1937), quoique formé à Cambridge, était néo-zélandais. Il découvrit l'électron, ouvrant ainsi la voie à la physique nucléaire. Il travailla ensuite sur les propriétés du radium.

A l'été 1903, les physiciens français Pierre Curie et Albert Laborde se rendent compte que le radium produit beaucoup de chaleur. Il devint vite clair que la chaleur produite par la désintégration des atomes était énorme au vu de leur dimension minuscule. On en déduisit que les éléments radioactifs présents dans l'ensemble des matériaux terrestres devaient largement contribuer à conserver la chaleur de la terre. Donc, loin de se refroidir, la terre pouvait, grâce à la radioactivité, garder sa chaleur interne durant nombre de millions d'années.

Les prémisses erronées auxquelles Huxley avait fait allusion apparaissaient. Kelvin ne pouvait pas connaître cette importante source de chaleur.

« *C'est donc à un physicien que revint l'honneur de trouver la faille dans les raisonnements de Kelvin, donnant ainsi raison aux géologues et aux naturalistes.* »[92]

On pourrait croire que cette découverte majeure de l'histoire des sciences calma le débat.

Il n'en fut rien, du moins à court terme.

En 1904, Rutherford donna une conférence à Londres en présence de Kelvin. Il montra que l'existence de cette source de chaleur interne de la terre, développée par les matériaux radioactifs rendait inutilisables les calculs du vieux physicien. La terre restait chaude comme le pensaient indirectement les géologues, même s'ils ne savaient pas pourquoi.

On raconte que durant cette séance Kelvin fit ostensiblement semblant de dormir. Il n'ouvrit un œil que lorsque le mot « âge de la terre » fut prononcé. Rutherford eut la courtoisie de souligner que les calculs du grand Lord étaient justes, mais ne pouvaient pas prendre en compte un phénomène inconnu jusqu'alors. On dit que Kelvin eut un léger sourire de satisfaction.

---

[92] Art. Y Gingras précité p. 94.

Mais, publiquement, Kelvin refusa cette interprétation et l'existence même de cette source de chaleur. Le débat continua donc jusqu'en 1907, date à laquelle il mourut. Plus personne ne défendit alors ses idées selon la théorie de Max Planck : « *une nouvelle vérité scientifique ne triomphe pas en convainquant ses opposants... mais plutôt parce que les opposants finissent par mourir et que la nouvelle génération grandit et devient familière avec la nouvelle théorie.* »[93]

Si, avec la mort de Kelvin, l'hypothèse d'une terre longue triomphe, il fallait encore trouver un moyen de datation qui permette de caler cette ancienneté. La vitesse de désintégration des matériaux radioactifs et la mesure des quantités de produits résultants pouvait être une piste intéressante.

C'est Rutherford qui démarra en notant en 1905 dans ses *leçons sur la radioactivité* que la mesure du contenu en hélium des minerais d'uranium et de leur taux de formation due à la désintégration de l'uranium pouvait être un bon dateur de l'âge du minerai. Ce type de mesure pouvant être appliqué à bien d'autres matériaux radioactifs.

Pour ceux qui ne sont pas familiers avec la notion de radio-datation rappelons succinctement quelques éléments de base.

Quand un produit, comme l'uranium, est radioactif, cela veut dire que son noyau (composé de protons et de neutrons) est trop lourd et donc instable. Il émet des rayonnements de trois types ; alpha, beta et gamma. Le premier, alpha, n'est rien d'autre qu'un groupe de deux neutrons et deux protons. C'est-à-dire la même composition que le noyau d'Hélium. Il est simplement non-neutre électriquement puisqu'il n'a pas d'électron. Il en trouvera. Donc après le départ d'un noyau d'hélium, le

---

[93] Cité par Y Gingras dans l'article précité.

noyau d'uranium se désintègre en un produit (le thorium) un peu moins lourd, mais encore radioactif. Le noyau de thorium perd encore des particules (protons, neutrons) et il devient autre chose et ainsi de suite jusqu'à ce que l'uranium de départ devienne, in fine, du plomb inerte.

Ayant compris ce procédé de désintégration progressive, comme on connaît la constitution du noyau initial, comme on est capable de mesurer la vitesse de désintégration et enfin, comme on sait définir la structure résultante actuelle du noyau, on peut définir une durée absolue. C'est-à-dire l'ancienneté de la roche ou du matériau étudié.

Toutes les datations par utilisation de la structure des noyaux d'atome reposent sur ce principe d'une variation en nombre des protons et (ou) neutrons : Uranium/Thorium, Potassium/Argon, jusqu'au bien connu Carbone 14, dans lequel seul le nombre des neutrons bouge, mais pas celui des protons. Le carbone 14 est un isotope radioactif du Carbone, donc, comme tout produit radioactif il est instable.

Cette méthode par détection de la radioactivité alpha a évolué par la suite et l'on sait aujourd'hui définir le taux de désintégration, dans un certain nombre de cas, en passant directement par le rayonnement gamma.

La durée de désintégration d'un noyau instable est très variable d'un élément à l'autre. Chaque isotope radioactif d'un élément a sa vitesse de désintégration propre appelée période, qui correspond à la durée nécessaire pour faire disparaître la moitié de ses éléments (notion de demi-vie). La période du Phosphore 32 est de 14,3 jours, alors que la période de l'uranium 238 est de 10 milliards d'années.

Selon l'ordre de grandeur de l'ancienneté présumée du matériau étudié, on utilise un élément plutôt qu'un autre pour le dater.

C'est ainsi qu'en utilisant la désintégration Potassium/Argon ou Uranium/Thorium on peut mesurer des millions ou des milliards d'années, alors que le carbone 14 ne permet de mesurer que quelques milliers d'années. On a réussi une datation de 50 000 ans en 2012, par le carbone 14, mais dans des conditions de préservation du matériau analysé assez rares.

Cette détermination des durées de désintégration des éléments radioactifs n'a bien sûr été précisée que progressivement, mais ce sont bien les premières études de Rutherford qui ont poussé les recherches dans cette voie.

Ainsi, dès novembre 1905, son collègue Boltwood (1870-1927), de l'université de Yale, lui apprit qu'il avait pu, suivant cette méthode, dater plusieurs minerais entre 92 et 570 millions d'années.

Quelques années plus tard, Boltwood, qui continuait ses recherches, trouva des roches qu'il data de 1,6 milliard d'années.

Les physiciens ont donc donné raison aux naturalistes et ont réussi à mettre au point une méthode de datation absolue.

On découvrit, ultérieurement, les mouvements de convection interne dans le manteau terrestre. Ces mouvements modifient significativement le schéma des échanges thermiques par rapport à une situation dans laquelle les masses de chaleurs resteraient statiques. Ils permettent ainsi d'expliquer par un deuxième facteur pourquoi les calculs de Kelvin ne pouvaient pas être justes, celui-ci ignorant naturellement ces phénomènes de convection.

L'âge de la terre fit par la suite l'objet d'un premier consensus en 1931. Puis, en 1946, Arthur Holmes calcule que moyennant certaines hypothèses sur la composition initiale de la terre, on arrive entre 3 et 3,4 milliards d'années.

Cette date posa alors un sérieux problème aux astronomes qui, à cette époque, estimaient l'ancienneté de l'univers entre 1,8 et 2 milliards d'années. La terre serait-elle plus vieille que l'univers ?

Fort heureusement, ces derniers révisèrent leurs hypothèses dans les années 50 en allongeant les distances intergalactiques, sources du calcul de temps depuis le début de la période d'éloignement des galaxies.

Il fallut attendre 1956, pour que la composition isotopique du plomb de minéraux terrestres et d'une météorite tombée en Arizona livre pour de bon au géochimiste américain Clair C Patterson « le secret le mieux gardé de notre planète », à savoir son âge : 4,55 Milliards d'années.[94] A cette date, l'antagonisme avec les évaluations des astronomes s'était estompé. On pouvait en rester là.

4,55 Milliards d'années. C'est le dernier chiffre.[95]

Remarquons dans cette histoire, qu'au moment où les naturalistes et les physiciens se battent à coup de dizaines voire de centaines de millions d'années, on voit paraître (cf. chap. 6) les *Discours sur l'Histoire Universelle* de Bossuet, édition de1886, dans lequel on débat encore de la datation du monde entre 4004 et 4963 ans av. J.-C. !

[94] Art. Pascal Richet précité, p. 83.

[95] Sur cette question de l'évolution des dates d'ancienneté de la terre voire : Pascal Richet : *L'âge du Monde,* Paris, Seuil, 1999.

15 – Et d'où vient la variabilité ?

La théorie de Darwin repose sur la constatation de la variabilité entre les individus au sein d'une même espèce. C'est le principe de base sans lequel le reste ne peut tenir. C'est une constatation, rien de plus. Et, comme toutes les observations, elle reste empirique, jusqu'à ce que l'on ait démontré le principe théorique qui l'induit. Toute science repose sur ces deux piliers ; l'observation suggère une théorie. Si cette théorie est vraie, elle doit permettre d'expliquer, voire de prévoir. Et si ce qu'elle anticipe ne s'observe qu'imparfaitement, il faut reprendre les observations pour être capable d'adapter la théorie. Cette règle est vraie pour les sciences de la vie et de la terre en général comme en histoire ou en économie.

Cette notion de variabilité, lorsque Darwin l'intègre dans sa théorie n'est donc qu'une simple constatation. La théorie de Darwin est purement intuitive à partir de ses observations ; elle ne peut donc pas être considérée comme « scientifique », tant que le support de cette variabilité n'est pas mieux appréhendé.

Or, Il se trouve qu'à peu près à la même époque où Darwin fait grand bruit, un moine tchèque travaille dans une grande discrétion.

Il s'appelle Grégor Mendel (1822-1884).

En fait il ne se prénomme pas vraiment Grégor mais Johann. C'est le fils d'un paysan de Silésie, né à Heizendorf, aujourd'hui en République Tchèque sous le nom de Hincice. Il souhaita poursuivre des études supérieures, mais faute d'argent il trouva la solution en intégrant en 1843 le monastère de Saint Thomas de Brunn, aujourd'hui Brno. C'est à cette occasion qu'il prend le prénom de Grégor. A cette époque les membres du monastère avaient une mission forte d'enseignement et de recherche scientifique et donc la congrégation payait à ses membres les études nécessaires. C'est ainsi que Mendel pût passer trois ans (1851-1853) à l'université de Vienne. Il y rencontra des personnalités connues, notamment un physicien nommé Doppler, qui étudia l'effet sonore qui porte son nom ou un biologiste Franz Unger qui professait déjà des idées évolutionnistes.[96]

Sa jeunesse paysanne l'a-t-elle inspirée ou aidée par sa connaissance des plantes ? Sans doute. Ce qui est sûr est que dès son retour dans son monastère, il commence des expérimentations sur l'hybridation des végétaux afin d'essayer d'en comprendre les lois. On lui accorde un petit jardin (7 m de large sur 35 m de long). Et il cultive pour observer. Dans cet espace exigu il réussit à cultiver jusqu'à 27 000 plants de 34 espèces différentes.

Il eut des résultats pratiques intéressants. Il met au point des variétés de pois plus grosses et considérées comme plus savoureuses. Le monastère avait la réputation d'avoir une bonne table et apprécia les nouvelles variétés de légumes produites par Mendel. Celui-ci, à un certain moment, se plaint même de grossir.

---

[96] En 1982 se tint à Brno un symposium intitulé « past, present and future of genetics ».
A la suite de ce symposium, deux articles de fond sur Mendel ont été publiés dans *la Recherche* :
« Gregor Mendel : la légende du génie méconnu » Par Marcel Blanc, N° 151, janvier 1984, pp. 46-59.
« La genèse de l'œuvre de Mendel » Par Jean-Louis Serre, N° 158 septembre 1984, pp. 1072-1080.
Les lignes ci-dessous sont largement inspirées de ces deux articles.
La vie de Mendel a été écrite par Hiltis, traduite en anglais et publiée en 1932 puis à nouveau en 1966. Elle est souvent considérée comme légèrement partiale, induisant la légende du génie méconnu ou incompris.

Mendel mena nombre de ses expériences sur les petits pois de 1856 à 1863.

En 1865 il se considère à même de présenter le résultat de ses études à la Société d'histoire naturelle de Brno. Il y fit deux conférences en février et en mars.

A partir de ce moment commence la légende. Ou la réalité ?

Son biographe Hiltis raconte qu'il y eut peu d'auditeurs, que ceux-ci furent décontenancés par les formules mathématiques présentées par Mendel, bref que cela fut un échec et le début d'une traversée du désert, Mendel devenant par la suite progressivement une sorte de savant maudit.

Ce qui est avéré, c'est que l'œuvre de Mendel, aujourd'hui considéré comme le fondateur de la génétique, semble n'avoir eu que très peu d'écho dans le monde scientifique jusqu'à la fin du siècle.

Tout d'abord il n'écrivit guère. En 1866 il publie le texte de ses deux conférences ; un article de 44 pages dans les comptes rendus des travaux de la Société d'Histoire naturelle de Brno.

Que dit-il ? Ce que l'on nomme aujourd'hui les deux premières lois de la génétique.

1°) Lorsqu'on croise deux variétés de petits pois ne différant que par un seul caractère, par ex. la forme des graines, rondes ou ridées, on obtient une première génération de descendants tous identiques, en l'occurrence tous ronds.

Si on fait reproduire ces descendants par autofécondation (procédé très fréquents chez les plantes à fleurs), on obtient des descendants de seconde génération avec des graines soit rondes soit ridées dans une proportion de trois rondes pour une ridée. Donc, le caractère ridé n'a pas disparu (même s'il n'apparaissait plus dans sa forme externe au cours de la génération précédente).

2°) Lorsqu'on croise deux variétés de petits pois différents au niveau de deux, trois ou plus, caractères, par ex. forme et couleur, on obtient, à côté des types parentaux, des types nouveaux (avec des croisements de caractères inconnus à la génération d'avant) dans des proportions définies et prévisibles.

Ce résultat, pour l'époque, est tout à fait nouveau et surprenant, car l'idée généralement admise était plutôt que lorsqu'on croise deux plantes un peu différentes, on obtenait un genre d'hybride. Ex. une fleur longue avec une fleur courte donne une fleur de taille intermédiaire.

Dans le cas des pois étudiés par Mendel, on ne parle plus de caractères intermédiaires, mais de caractères conservés et apparaissant, ou réapparaissant, dans des proportions que l'on peut mathématiquement prédéfinir.

Cette découverte est sans doute une grande novation, mais elle n'a pas été immédiatement considérée comme telle. Les éleveurs qui faisaient métier d'hybrider n'en voyaient pas l'usage.

Des « tirés à part » de l'article de Mendel furent envoyés dans différents endroits ; Berlin, Vienne, Etats-Unis, Londres à la Linean Society. Darwin aurait pu en avoir connaissance, mais rien n'indique qu'il ait lu l'article directement, même s'il cite dans un de ses écrits l'ouvrage du botaniste allemand H Hoffmann qui, lui, évoque les travaux de Mendel.

En somme, le lien entre les travaux de Mendel et les préoccupations de Darwin ou des autres naturalistes de l'époque n'apparaît pas. Ni Darwin, ni ses défenseurs, ni ses contempteurs n'envisagent comment relier les deux œuvres.

Certains ont pourtant analysé et cité l'œuvre de Mendel dans leurs propres travaux : un suédois, Blomberg en

1872, un russe, Schmalhausen en 1874. L'édition de 1881 de l'Encyclopedia Britannica mentionne ses travaux.

Mais les biologistes de son époque, au premier plan desquels Darwin, s'intéressaient principalement à savoir comment l'hérédité contrôle le développement des organismes ou l'évolution des espèces et guère à comprendre la transmission des caractères héréditaires de génération en génération. Raison probable pour laquelle Darwin n'a jamais cru devoir lire directement l'article de Mendel de 1866.

Les lois de Mendel pouvaient-elles expliquer l'allongement du cou de la girafe ? Sans doute non.

Enfin, et peut-être principalement, les lois de Mendel s'exercent indépendamment du milieu dans lequel l'espèce considérée évolue. Or pour Darwin, c'est bien cette contrainte du milieu qui indirectement induit l'évolution par l'effort des organes pour s'y adapter. Il reste du Lamarck chez Darwin, notamment vers la fin de sa vie. Et il ne voyait pas en quoi l'œuvre de Mendel pouvait contribuer à argumenter ce processus.

En somme, à cette époque, seule l'hérédité par le mélange entrait en ligne de compte. Un descendant possède des caractères intermédiaires entre ses deux parents. Francis Galton en donna même une formule mathématique. Chaque individu transmet à sa progéniture une contribution génétique égale à 1/4 de p (parents) + 1/8 de pp (grands parents) + 1/16 de ppp +…

Ce mélange de caractères posait d'ailleurs problème à Darwin lui-même. Si une fleur rose croisée avec une fleur blanche donne une fleur rose pâle, on ne comprend plus comment un caractère peut se conserver intégralement. Or si un caractère nouveau apparaît, et que la sélection naturelle favorise son développement, il ne peut donner naissance à de nouvelles espèces puisqu'il disparaîtra progressivement. Cette idée « d'hérédité intermédiaire » qui resta ancrée dans les esprits jusqu'à la fin du siècle a pu être qualifiée de « désastre théorique ».[97] Darwin lui-même, parmi d'autres, chercha, en vain, des explications, qu'il ne put trouver, ne prenant pas un compte les résultats des observations faites par Mendel.

Ainsi, globalement, Mendel fut pendant plusieurs décennies ignoré ou peu apprécié. On ne peut pas savoir exactement jusqu'à quel point des critiques lui auraient été adressées directement dans la mesure où ses papiers personnels, incluant d'éventuelles lettres de contradicteurs, ont été brûlés, à sa demande, après sa mort.

En somme, la légende du moine maudit a bien du mal à être totalement avérée, mais il est clair qu'il a fallu attendre pour voir attribuer à l'œuvre de Mendel la place qui lui est reconnue de nos jours.

Il a fallu attendre 1900. A cette date, trois biologistes, Hugo de Vries, Carl Correns et Erich Tschermak trouvent chacun de leur côté des résultats analogues et s'aperçoivent que 35 ans plus tôt un obscur moine tchèque avait dit la même chose qu'eux. Ils eurent alors la correction de faire connaître l'antériorité des travaux de Mendel et celui-ci fut reconnu comme le père de la génétique moderne.

Et pourtant, la simple découverte de ces lois ne suffisait pas. Il manquait la compréhension de leur origine. Mendel travaillait sur des caractéristiques morphologiques externes. Il avait bien noté l'existence de caractères dominants et de caractères non dominants (que l'on appellera plus tard récessifs), mais s'il fait l'hypothèse d'un support physiologique de l'information, qu'il nomme vaguement « un élément », en vérité, il ne pouvait pas connaître ce support.

---

[97] « Darwin était-il darwinien » Pierre Thuillier, *La Recherche* n°129, janvier 1982, p. 16.

Or c'est bien l'existence des gènes, découverts au début du XXème siècle, qui explique simplement la cause des observations faites par Mendel.

L'Allemand Theodor Boveri (1862-1915) et l'Américain Walter Stanborough Sutton (1877-1916) découvrirent en 1902 qu'il y a toujours deux chromosomes de même apparence dans un noyau cellulaire. Les deux chercheurs y virent un lien avec la théorie de Mendel. Et donc, « l'élément » (aujourd'hui appelé gène) qui correspond à une caractéristique extérieure visible est toujours transmis en deux exemplaires par les parents à la génération suivante. Un « élément » provient du père, l'autre de la mère.

Le biologiste danois Wilhelm Johannsen (1857-1927) trouva à travers ses travaux sur les haricots que les changements chez un être vivant peuvent avoir deux origines différentes : ils sont provoqués soit par des facteurs héréditaires soit par l'environnement. Comme Mendel, il conclut également que toutes les caractéristiques transmises sont déterminées par certains « éléments » à l'intérieur de la cellule. En 1909, Johannsen les baptisa « gènes ».

En 1910, Thomas Hunt Morgan (1866-1945) complète la vision sur le rapport entre les structures dans le noyau cellulaire (chromosomes) et la transmission de caractéristiques isolées (gènes). Il découvre que le nombre des gènes est beaucoup plus élevé que celui des chromosomes et en conclut que les chromosomes sont les supports des gènes. Il arrive à deux autres conclusions : plusieurs gènes sont réunis sur un chromosome et les gènes sont alignés sur les chromosomes dans un ordre particulier.

La présence des gènes dans une paire de chromosomes (les deux gènes correspondant chacun dans un chromosome constituant l'allèle) définit le caractère déterminant (dominant ou récessif). Le support matériel de ce caractère était dès lors identifié et l'on pouvait travailler dessus directement.

La découverte des gènes et leur principe de fonctionnement à peu près clarifiés apportent à la théorie de Darwin le substrat matériel qui lui manquait pour en faire une théorie scientifique. On sait d'où viennent les capacités de variation d'un individu à l'autre au sein d'une même espèce et, dans une certaine mesure, jusqu'à quel point ces variations peuvent entraîner des modifications.

Ce que les généticiens ont donc ajouté aux deux lois de Mendel, c'est que chez les organismes supérieurs chaque caractère est contrôlé par deux facteurs héréditaires que l'on appelle gène. On pense encore souvent et on retrouve cette mention dans certains manuels pour étudiants que Mendel avait présupposé l'existence des gènes. Cela ne semble pas être vraiment le cas.

Ce qui est sûr, c'est que ces découvertes de la génétique moderne viennent soutenir la pensée darwinienne.

C'est pourquoi, dans les années 40 du XXème siècle, l'on fit une synthèse entre les travaux de Darwin et ceux menés sur la génétique, support des premiers que l'on intitula « Théorie synthétique ». Dès lors on pouvait considérer la théorie darwinienne comme une théorie scientifique. On utilisa aussi le terme de néo-darwinisme, de manière un peu abusive, car il n'y a pas du nouveau, mais plutôt du support.

La théorie synthétique devint, depuis lors, la base de la science de l'Evolution.

Cet aménagement d'une théorie synthétique eut un tel succès que certains de ses « pères », enthousiastes, reprirent l'histoire évolutive en lui ajoutant un futur possible. La science-fiction devenait-elle une science à part entière ?

Mais évidemment, aussitôt, les théories du futur (ou hypothèses raisonnées) commencèrent à s'opposer entre elles.

Bernard Rensch (1900-1990), allemand prévoit que lors de l'effondrement du système solaire, le monde se défera et la matière se recomposera, entraînant ainsi un nouveau cycle évolutif, peu ou prou identique à celui que nous vivons, ou, en tout cas, régi par les mêmes règles.

En revanche, pour Théodosius Dobzansky (1900-1975), généticien américain et également fondateur de la théorie synthétique, l'évolution est linéaire. La matière engendre la vie, qui produit elle-même l'homme lequel évoluera vers une forme qui ne nous est pas encore connue.

On peut se demander si cette deuxième vision n'a pas inspiré les travaux d'un jésuite paléontologue, le père Teilhard de Chardin ? Il conviendra de revenir sur ce point.

Avec la théorie synthétique un grand pas a été fait, mais il reste encore des points d'interrogation dont les recherches ultérieures auront plutôt tendance à augmenter le nombre qu'à définitivement apporter des solutions simples. Les solutions à ces questions peuvent-elles être simples ?

Car, la connaissance actuelle des mécanismes génétiques remet partiellement en cause l'idée de Darwin qu'une variation est forcément faible ? Comme déjà précisé, Darwin insistait beaucoup sur cette notion de micromutation. De la même façon, cette connaissance amène à contester le postulat de l'étude de Mendel qui est que chaque caractère doit s'étudier isolément.

En effet, l'idée que les caractères héréditaires d'un organisme sont totalement indépendants est fortement remise en question. On sait maintenant que ceux-ci peuvent être liés lorsque les gènes qui les déterminent sont portés par un même chromosome. On sait aussi que les gènes coopèrent de différentes façons dans l'édification et le fonctionnement intégré de l'organisme.

Cela permet-il de répondre à certaines critiques adressées à Darwin sur l'utilité des formes intermédiaires ?

Darwin dit que pour passer de l'espèce A à l'espèce B, il faut toute une série de phases intermédiaires, puisque selon lui il ne peut y avoir que des micromutations.

Aussitôt la question se pose : on peut comprendre l'intérêt pour une souris d'avoir des pattes arrière plus longues que les pattes avant ; cela lui permet de courir vite pour échapper à ses prédateurs. On peut comprendre l'intérêt pour la chauve-souris d'avoir de longs membres antérieurs reliés par une membrane ; cela lui donne des ailes qui lui permettent de voler pour échapper à ses prédateurs.

Mais que penser d'une forme intermédiaire dans laquelle les membres avant se seraient allongés, insuffisamment pour pouvoir voler, mais déjà assez pour pouvoir compliquer la capacité à courir ? Et l'on pourrait multiplier les exemples.

L'apport de la génétique moderne qui met en évidence des gènes de base définissant un caractère et des gènes régulateurs exerçant leur effet sur plusieurs gènes de base à la fois, permet d'envisager que la variabilité puisse ne pas porter seulement sur des micromutations, mais que des macromutations soient également possibles.

En 1978, Edward Lewis, publie ses travaux sur les gènes homéotiques de la mouche drosophile. Ceux-ci, lorsqu'ils subissent une mutation provoquent la transformation de certaines parties du corps. Par exemple, les antennes de la mouche peuvent être remplacées par des pattes, ou la partie postérieure du thorax peut porter une seconde paire d'aile. C'est la première fois que l'on met en évidence des gènes qui jouent un rôle d'architecte. A l'échelle de la mouche, on ne peut certes pas parler de

« micromutation ». Dans les années 80, on découvre que ces gènes architectes (gènes Hox) existent aussi chez les vertébrés.

On a vu, dans certains cas des grenouilles à 6 pattes. Certains accusent un niveau élevé de radioactivité. Même si tel est le cas, il démontre bien que l'organisme peut réagir à certains stimuli environnementaux en produisant des descendants très différents des parents, ce que l'on a appelé la théorie des monstres. S'agit-il d'une simple pathologie non réplicable, ou d'une variation génétique transmissible ? Un trèfle à quatre feuille se reproduit-il à l'identique ?

La génétique moléculaire met donc en évidence une faiblesse du Darwinisme d'origine. La micromutation, n'est pas une contrainte.

Par ailleurs, par principe, pour tout bon darwinien la variabilité est première. Un caractère nouveau peut engendrer une variété nouvelle (ou espèce) s'il présente un intérêt du point de vue de la sélection naturelle. Mais il a été mis en évidence des cas où la variabilité n'est pas première, mais probablement induite par des circonstances extérieures.

C'est ainsi que l'Américaine Barbara Mc Clintock, prix Nobel de physiologie en 1983, a démontré que des maïs soumis à un stress hydrique développent une capacité de variation de gènes plus élevée que les autres. Autrement dit, la sécheresse induit naturellement l'apparition de maïs modifiés, moins gourmands en eau et donc plus aptes à survivre en milieu plus sec.

Lamarck n'est-il pas complètement mort ?

Tout cela est extrêmement complexe, mais même si elle adapte certaines bases du système et si elle n'explique pas tout, la connaissance de la génétique donne un sérieux réalisme à la théorie darwinienne de l'évolution.

La fusion du darwinisme et de la génétique définie comme la « Théorie synthétique de l'évolution » constitue donc une étape importante et une théorie lourde. Comme toute théorie lourde, elle a son pape. Il s'appelle Ernst Mayer. Celui-ci continuera d'influencer les recherches ultérieures, même si d'autres pistes apparaissent. Il meurt en 2005 à l'âge de 100 ans.

16 – Des formes intermédiaires

Une des questions, ou critiques, immédiatement adressées à Darwin après qu'il eut rendu publique sa théorie de l'évolution des espèces par sélection naturelle porte sur l'existence de formes intermédiaires.

Darwin insiste pour dire que seules se produisent des micromutations chez les individus d'une espèce : « natura non fecit saltum » (la nature ne fait pas de saut). Si donc seuls les individus mutés survivent grâce à la sélection naturelle, le type suivant ne peut être que très légèrement différent du précédent. Donc entre une espèce A et une espèce B il y a forcément de nombreuses formes intermédiaires.

A l'époque de Darwin, le nombre de fossiles connus est forcément très faible. Très faible ? Comprenons bien. A cette même époque, Alcide d'Orbigny, premier titulaire de la chaire de paléontologie au Muséum National d'Histoire naturelle à Paris dispose quand même d'une collection de près de 10 000 invertébrés fossiles. Mais au niveau des vertébrés on ne peut compter que sur quelques centaines. Comparés aux 300 000 fossiles environ connus au début du XXIe siècle c'est peu.

Il est donc normal que l'on attende que les fameuses formes intermédiaires soient trouvées avant d'approuver pleinement la démarche darwinienne. La réponse aux critiques est assez simple et naturelle : « cherchez et vous trouverez ». Et si vous ne trouvez pas, la faute peut en revenir aux mauvaises conditions de préservation des restes fossilisés, ou simplement à l'inexistence de fossiles, car les conditions de fossilisations sont assez complexes et donc rares à réunir.

Et effectivement, en deux siècles, le nombre de trouvailles est spectaculaire. Il ne se passe pas d'année sans que plusieurs nouvelles formes fossiles soient découvertes. A chaque fois le spécimen nouveau recueilli prend sa place entre deux formes déjà connues ou bien préfigure un nouveau rameau.

Quelques exemples pour illustrer.

La vie a commencé dans l'eau. Les poissons sont donc antérieurs aux batraciens, premiers vertébrés encore amphibies, vivant partiellement dans l'eau, partiellement sur terre. La grenouille nait dans l'eau sous forme de têtard puis devient mixte. Il faut donc passer, par une série de variations minimes, d'un poisson osseux (Osteichtyen) doté de nageoires et de branchies, adapté à la vie aquatique, à un amphibien vertébré, doté de pattes et de poumons, adapté à la vie terrestre. Entre poissons et batraciens trouve-t-on toutes ces formes intermédiaires ? Toutes non, certaines oui. Et avec une question immédiate : passe-t-on d'abord par une forme intermédiaire sur le mode de locomotion, ou par une forme intermédiaire sur le type de respiration ? Débat.

L'eusthenoptéron est un poisson rhipsidien vivant il y a 310 millions d'années. Il a été considéré depuis les années trente comme l'ancêtre des tétrapodes. En effet, ses quatre nageoires bien développées, simulant des embryons de membres, devaient lui permettre de se traîner sur terre. Au début des années 1980, les arguments qui le plaçaient dans cette lignée ancestrale directe s'effritent largement. On en vient à mettre en avant comme grand ancêtre un autre animal, nommé dipneuste, qui vivait il y a 340 millions d'années, et qui est purement aquatique, mais il possède déjà des poumons. Une analyse fine et comparative de la structure squelettique de ces deux animaux semblerait montrer que les membres avant du dipneuste préfigurent mieux celle d'un des plus anciens amphibiens connus, la salamandre. L'avantage revient donc au dipneuste, mais on possède les deux formes intermédiaires, quant aux membres et quant à l'organe respiratoire.[98]

Le passage aux vertébrés met en évidence la difficulté parfois d'interpréter un fossile découvert. En 1909, est trouvé un petit animal de 4 cm de long qui vivait il y a environ 500 millions d'années. Il fut appelé Pikaia gracilens. On lui donna en 1979 le statut de « plus ancien chordé », statut emblématique, car premier ancêtre des vertébrés. Les chordés possèdent en effet une structure nommée « chorde » qui pourrait préfigurer la colonne vertébrale. Une relecture attentive de l'animal avec les moyens les plus modernes dans les années 2000 lui a fait perdre son statut. Il devient un simple cousin au profit d'un autre embranchement connu, les tuniciers[99].

On pense généralement que les oiseaux sont une variante aérienne des reptiles. Hypothèse hardie si on compare la couleuvre au rouge-gorge. Néanmoins on connaît durant le passé de nombreux sauriens dont les membres antérieurs se sont considérablement allongés et dotés d'une membrane leur permettant de voler (un peu comme la chauve-souris), on les appelle des ptérosauriens (étymologiquement : sauriens dotés d'ailes) ; ptéranodon ou ptérodactyle par exemple. Leur forme, avec des membres avant développés et une membrane rejoignant les membres arrière, leur permet de planer. En 1800, Cuvier avait déjà identifié un reptile volant, le ptérodactyle, découvert en Bavière. L'archéoptéryx, animal du jurassique supérieur, environ 140 millions d'années, est supposé descendant de petits dinosaures

---

[98] Voir *La Recherche*, « L'origine des tétrapodes » par Peter Forey, n°154 avril 1984, pp. 476 – 487.

[99] Voir *la Recherche*, « on a enfin décrit Pikaia gracilens » N° 411 janv. 2013.

carnivores, du fait de similitudes entre la forme de son squelette et celle du squelette de ces derniers. Les dinosaures ont des dents, comme l'archéoptéryx. Tout cela est bien, mais les sauriens ont des écailles et les oiseaux des plumes. Alors ? Alors on a trouvé un spécimen, en Kirghizie, qui est un petit reptile dont l'empreinte montre des appendices dorsaux qui sont des écailles allongées se recouvrant de telle manière que leur silhouette se rapproche fortement de celle d'une plume. On l'a nommé « *longisquama* », c'est-à-dire longues écailles. Forme intermédiaire ?[100] Sans doute, mais la chasse aux fossiles continue. En 2012 on découvre dans l'Alberta (Canada) trois fossiles de dinosaures à plumes. Datés de 75 millions d'années, on les a nommés « *ornithominus edmontonicus* ». Gros oiseau ! Le spécimen adulte pèse environ 160 kilos. Mais sauriens à plume. Donc forme intermédiaire.

De la même façon, c'est par une série de variations minimes que le modèle vertébré des reptiles aurait produit le modèle mammifère. En 2011, la revue *Nature* annonce la découverte, en Chine, dans un contexte lacustre qui permet une assez bonne préservation, y compris de parties molles, du plus ancien mammifère placentaire connu (le groupe majoritaire actuel à côté des marsupiaux). C'est la partie avant d'un petit animal, pesant entre 15 à 17 g et ressemblant à une musaraigne. Ses dents pointues le placent parmi les insectivores et les os de ses pattes et doigts désignent un arboricole. On le date d'environ 160 millions d'années. Il permet de dater la séparation entre les deux groupes de mammifères entre 160 et 200 millions d'années. Jusque dans les années 80, on ne connaissait

---

[100] Voir *La Recherche*, « Les premiers vertébrés volants » par Armand de Ricqlès, n°58 juillet août 1975, pp. 608-617.

l'ancêtre commun entre ces deux groupes de mammifères que par une seule molaire d'un millimètre de long.[101]

L'exemple le plus fameux et le mieux connu de l'adaptation progressive d'une espèce à une contrainte environnementale est celui du cheval et de l'évolution de l'extrémité de ses membres qui lui permet, progressivement, une remarquable adaptation à la course.

Le premier équidé, issu d'une différentiation au sein des périssodactyles apparaît au cours de l'éocène vers 55 millions d'années. On l'appelle donc naturellement éohippus (ou Hyracothérium). Il n'est pas plus gros qu'un chien et marche sur quatre doigts sous lesquels on trouve un coussinet. Son successeur, vers 40 millions d'années, appelé mésohippus, un peu plus grand n'a plus que trois doigts. Ses deux successeurs du miocène, merychippus, 30 millions d'années, et du pliocène, pliohippus, 10 millions d'années continuent à grandir et les deux doigts latéraux s'atrophient pour que seul le doigt central serve de point d'appui. L'ongle se développe pour devenir sabot. Finalement, l'equus actuel, tel que nous le connaissons, apparu il y a environ un million d'années, n'a plus qu'un doigt et un fort sabot. Il est parfaitement adapté à la course, sa meilleure défense contre ses prédateurs naturels (y compris l'homme) en milieu découvert.

Cet exemple du cheval a souvent servi d'argument, un peu comme le phalène du bouleau évoqué précédemment, pour défendre la théorie de l'Evolution face aux sceptiques. Il est clair que dans ce cas, l'on dispose de plusieurs formes intermédiaires entre le gros chien à quatre doigts et les chevaux actuels à un doigt.

Un dernier exemple peut être donné, lié à l'actualité récente. Lamarck avait bien remarqué (voir chapitre 11) que les poissons qui avaient pris l'habitude de nager au

---

[101] Voir *la Recherche*, « Les premiers mammifères » par Zofia Kielan-Jaworowska, n°108 février 1980, pp. 146-155.

fond de l'eau, s'étaient progressivement aplatis. Leurs yeux avaient donc dû se déplacer pour se trouver tous les deux sur le même côté de la tête, la bouche apparaissant tordue puisque son ouverture se place en position verticale. La critique avait été aisée : comment expliquer l'existence d'intermédiaires présentant une migration partielle d'un œil ? Dans les années 1940, Richard Goldschmidt qui se refusait à admettre cette hypothèse proposait une théorie « saltatoire » de l'évolution, selon laquelle seule l'apparition d'un « monstre » salvateur pouvait permettre de passer à une phase plate adaptée au nouveau comportement de l'animal et lui permettant de survivre.

Or, en 2008, en fouillant dans les tiroirs des muséums d'histoire naturelle de Paris et de Vienne, un doctorant de l'université de Chicago, Matt Friedman, a retrouvé deux fossiles de poissons plats primitifs adultes, âgés de 45 millions d'années et dont l'œil a commencé de migrer, mais sans franchir la ligne médiane du crâne.[102]

Bel exemple venant à l'appui d'une théorie de l'évolution graduelle du vivant.

Année après année, donc, les découvertes de nouvelles formes continuent. En 2011 on a trouvé, pour la première fois une tortue fossile avec des dents.

Et on peut multiplier les exemples. A tel point que, un siècle et demi après l'ouvrage de Darwin, une chaîne quasi continue permet de passer du premier organisme capable d'autoréplication (molécules d'ARN primitives appelées « ribozymes ») à un être monocellulaire sans noyau (procaryote), à un être monocellulaire à noyau (eucaryote) à un être pluricellulaire évoluant vers des organismes aquatiques sans structure solide, puis avec coquille externe, puis avec une structure interne (les poissons) se

---

[102] M Friedman *Nature*, 454. 209, 2008, rapporté dans *la Recherche*, n° 422 septembre 2008, page 16, « Le poisson qui manquait ».

libérant du milieu aquatique pour donner des amphibiens évoluant eux-mêmes vers des reptiles qui se diversifient vers les oiseaux d'une part, les mammifères d'autre part, ces derniers développant une forme placentaire d'où sort un jour (vers 70 millions d'années) un groupe de primates, lui-même à l'origine du groupe des hominoïdes, donnant in fine (où à ce jour ?) l'homme actuel. Il aura fallu environ 3,8 milliards d'années pour en arriver là.[103]

3,8 milliards d'années c'est théoriquement le moment ou la vie a pu apparaître.

Donc tout va bien ?

Pas exactement.

Car, même si la chaîne évolutive est maintenant connue dans ses grandes lignes, il y a toujours des trous. Des formes intermédiaires manquent. Normal, dira-t-on : toujours les mauvaises conditions de conservation. En fait cet argument n'explique pas tout. Assez curieusement, il n'y a pas une seule lignée qui soit complète.

S'agissant des mammifères et gros vertébrés, on peut comprendre qu'il manque des maillons pour cause d'insuffisance de documentation.

Par contre, si on considère à nouveau les coquillages, comme le faisait Lamarck, les choses sont moins évidentes. Prenons une falaise de craie dont les couches

---

[103] L'hypothèse actuellement en cours part du principe que l'eau liquide est apparue sur la terre entre 4,4 et 4,2 milliards d'années. On sait que la terre a subi un très fort bombardement de météorites il y a 3,9 milliards d'années, si intense que les océans ont été entièrement vaporisés. Si tel est le cas, et si une vie avait existé auparavant, elle aurait entièrement disparu. Comment est-elle apparue ou réapparue après ? Plusieurs hypothèses sont en concurrence, mais cela aurait pu se passer il y a 3,8 Milliards d'années ou peu après.
Voire : « Comment la vie est-elle apparue ? » dans *les dossiers de La recherche* d'août 2012, n° 50. L'entretien avec Purificacion Lopez-Garcia que l'on y trouve, reprend et actualise le texte paru dans le n° 456 d'octobre 2011.

sédimentaires sont bien régulières et non perturbées par des mouvements tectoniques divers (failles, diaclases ou dysharmonies de couches). Il en existe de nombreux exemples à travers le monde. On devrait pouvoir suivre l'évolution de tel type de coquillage au cours des âges de manière fine. Les conditions sont optimales pour trouver tous les intermédiaires entre une forme A et une forme B. Et comme la datation relative est aisée, on devrait pouvoir mettre en évidence une lignée évolutive, sans manque de maillons intermédiaires et, sans doute, selon une progression chronologique régulière.

Et bien, même dans ce cas de figure idéal, il y a des discontinuités. On constate parfois de longues périodes durant lesquelles la forme des coquilles ne bouge guère. Puis on constate dans les couches immédiatement supérieures des formes différentes qui apparaissent assez brutalement dans le temps.

Les scientifiques se sont interrogés sur ce type de séquence, mais, manifestement, la théorie darwinienne semblait prise en défaut.

Et puis, la puissance de la pensée humaine a envisagé une explication rationnelle. Admettons qu'une espèce coquillière se trouve en parfaite harmonie avec son milieu. Il y aurait alors peu prise à une sélection d'êtres mutants minoritaires, puisque ceux-ci ne pourraient, en définitive, pas être juste un peu mieux adaptés. Alors le nombre d'habitants dans une niche écologique grandit régulièrement et il n'est pas possible d'observer une « adaptation » donc une « évolution des formes » vers une autre espèce.

Au bout d'un certain temps, l'espèce hôte du milieu est devenue abondante au point qu'elle ne trouve plus d'espace et de nourriture suffisants pour tous les individus. On peut donc imaginer qu'un sous-ensemble quitte le milieu d'origine pour trouver asile ailleurs. Ce groupe migrant va se trouver alors dans des conditions naturelles différentes et les mutations aléatoires des individus vont pouvoir, à nouveau, permettre une sélection naturelle afin de former une nouvelle espèce bien adaptée à ce nouveau milieu. Au bout d'un certain temps, ce nouveau groupe, bien adapté à son nouveau milieu, se multipliera jusqu'à saturation et alors un sous-groupe devra à son tour quitter la niche. Une partie de ces nouveaux migrants pourraient être amenée à revenir à la niche écologique d'origine pour y remplacer les individus existants qui n'auraient, par définition, pas évolués dans l'intervalle. Ce qui expliquerait que l'on observe dans la stratigraphie des couches sédimentaires, une apparente évolution soudaine et qu'en un lieu on ne trouve pas toutes les formes intermédiaires.

Cette théorie de l'évolution dite allopatrique (hors de la patrie d'origine) permettrait de comprendre certaines macromutations apparentes, tout en maintenant l'idée d'un gradualisme réel. La théorie darwinienne est sauve. Sauf que, même si l'évolution reste graduelle, il faut bien admettre que dans un tel cas, on obtient une variation de la vitesse de l'évolution en fonction des conditions naturelles. Gradualisme, mais variation de vitesse : théorie des stases. La question de l'existence de macromutations peut être complétée par l'idée selon laquelle il y a des périodes longues sans changements suivies de période de changements rapides.

S.J.Gould et N.Eldredge définissent dans un ouvrage paru en en 1977 ce type d'évolution à vitesse variable en parlant d'équilibres ponctués.[104] : *« Une très grande part du changement évolutif est concentrée en de rapides évènements de spéciations (souvent instantané du point de vue géologique) qui ont lieu dans de petites populations*

[104] *Punctuated equilibria: the tempo and mode of evolution reconsidered,* S.J.Gould et N.Eldredge, 1977.

isolées à la périphérie (théorie de la spéciation allopatrique). »

Cette théorie, quoique scientifique au départ, qui ne remet pas en cause les principes de base darwiniens, et qui semble, du reste, admise assez aisément, car reposant sur des constations positives, va pourtant dériver rapidement vers une querelle idéologique.

En 1981, alors que la notion d'évolution avait déjà bien fait son chemin, le département d'histoire naturelle du British Muséum, a cru fêter dignement ses 100 ans d'installation à South Kensington, à Londres, sans se rendre compte du climat de tension qui allait provoquer un scandale, chose impensable dans cette vénérable institution.[105]

L'origine de l'affaire remonte à une lettre parue dans la revue anglaise *Nature*, intitulée « Le musée des erreurs ». Elle était signée de L.B.Halstead. Il reproche au digne muséum d'avoir, à l'occasion de deux expositions montées en 1979 et 1980 sur les dinosaures et les hommes fossiles fait une trop grande publicité en faveur de l'approche cladistique.

Qu'est-ce que cette approche ? Il s'agit d'une tentative de revoir la classification linnéenne bien établie et sur laquelle l'arbre phylogénétique des espèces se place progressivement, à mesure de la découverte de nouvelles formes intermédiaires, en la remplaçant par un nouveau classement des espèces qui regroupent celles qui possèdent un caractère commun et sont donc plus susceptibles d'avoir un ancêtre commun. Sans rentrer dans le détail, disons que cette méthode peut laisser apparaître des filiations plus heurtées et des variations plus irrégulières que le classement traditionnel basé sur la morphologie apparente. Cette méthode est en discussion

---

[105] Voire *La Recherche,* « Le scandale du British Museum » par Pierre Thuillier, n° 125 septembre 1981, pp.1016-1023.

parmi les spécialistes. Le catalogue de l'exposition lui-même introduit des doutes sur des filiations qui semblaient, jusqu'alors, à peu près assurés.

Il est clair que cette approche cladistique a pu renforcer la vision « discontinuiste » de l'évolution, c'est-à-dire une vision s'approchant de la théorie des « équilibres ponctués », défendue par Gould et Eldredge.

Ce que déduit justement Halstead de cette trop grande publicité faite, selon lui, à la classification par clades, c'est que la présentation de cette méthode induit, implicitement, la variabilité de la vitesse de l'évolution. Dans son esprit, il y a deux façons d'interpréter les choses. Ou bien on adopte la vision la plus traditionnelle d'une évolution graduelle, lente et progressive, ou bien on accepte l'idée de changements rapides, de sauts, voire de discontinuités. En mettant la méthode cladistique en avant, le British Museum avalise cette dernière. Cela veut dire que l'on justifie la notion de révolution dans la nature et donc que l'on justifie le marxisme ; CQFD.

Cette remarque vise directement les deux auteurs cités plus haut. Ceux-ci dans leur ouvrage de 1977 déclaraient expressément que le « gradualisme » est politiquement biaisé par une certaine tradition socioculturelle de l'Angleterre victorienne. Autrement dit, Darwin défendait cette théorie, non parce qu'il y croyait, mais parce qu'elle était conforme à une certaine norme sociale. En contrariant la vision darwinienne, les deux auteurs prennent donc explicitement la défense du marxisme qui par définition s'oppose au capitalisme libéral du XIXème siècle.

Il est tout à fait étonnant de constater qu'à une période au cours de laquelle la vision biblique à tendance à s'accommoder des progrès de la science (pas partout cependant, nous y reviendrons), ce sont des critiques à caractère sociopolitiques qui tendent à se substituer aux réserves religieuses. Le British Museum aurait ainsi donné raison à la vision philosophique de Marx et d'Engels, reprise par Staline qui appuyait sa dictature sur une rhétorique socio-naturelle.

Il convient de noter que si Gould déclarait, effectivement, qu'il avait été nourri de marxisme dès son plus jeune âge, ce n'était pas le cas d'Eldredge.

Il semble bien que ce débat ait rapidement fait long feu. Les évènements du début des années 90 entraînant la chute des régimes communistes ont permis de dépasser plus aisément ce type de réaction plus politique que scientifique.

Toutefois, même dépouillé de ses oripeaux d'idéologie politique, le débat de fond reste sur la vitesse de l'évolution, régulière ou non, et sur l'importance des mutations unitaires, micro ou macro.

17 – Et l'homme ?

L'homme est un très bon exemple de l'évolution connue par les formes intermédiaires. Cela fait un siècle et demi que des restes humains sont trouvés et, peu à peu, en classant les ossements en fonction de leur forme, on finit par avoir une certaine idée de la manière dont l'évolution a pu se produire. La biologie n'a joué qu'un rôle second dans cette histoire et, en tout cas, extrêmement récent avec les premières analyses ADN.

Comment les choses se sont-elles passées ?

Les débuts ont été difficiles.

Des réserves psychologiques :

Il a fallu faire face à l'hostilité de certains scientifiques à l'idée de l'évolution humaine. Comme indiqué précédemment l'idée d'accepter l'évolution animale était déjà un gros morceau. Il valait mieux ne pas trop insister sur l'homme. Comme déjà mentionné, la pièce, présentée en 1837 par Lartet sous le nom de Pliopithécus fut jugée non convaincante, sans arguments scientifiques sérieux, mais par souci de préserver la pensée de Cuvier.

Des canulars :

Il y a eu des faux, plus ou moins manifestes, comme la mâchoire de Moulin Quignon découverte en 1863, déjà mentionnée. L'exemple le plus marquant est sans doute celui de l'homme de Piltdown. Il s'agit dans ce cas d'un canular manifeste, mais qui a perturbé sérieusement la communauté scientifique en la déconsidérant. On découvrit entre 1912 et 1915, des restes qui correspondent à une calotte crânienne récente associée à une mandibule de jeune orang-outan dont les dents avaient été volontairement limées, le tout coloré en accord avec la couleur ferrugineuse des graviers environnants. La communauté scientifique se pencha longuement sur le cas pour en créer une catégorie de « pré-sapiens ». La supercherie ne fut définitivement dévoilée qu'en 1959, c'est-à-dire tardivement. Ce type d'opération a évidemment pour conséquence de jeter une suspicion sur les chercheurs en général et pas seulement sur ceux qui se sont fait berner.

Des races :

En 1857, près de Düsseldorf dans une petite grotte qui s'ouvre sur le vallon de Néandertal, des ouvriers mettent au jour les restes incomplets d'un squelette humain, en dehors de tout contexte archéologique. Fuhlrott qui le découvrit et Schaffhause le présentèrent comme témoin d'une race disparue. D'autres n'y virent qu'un individu pathologique et/ou dégénéré.

En 1868, Lartet découvre cinq squelettes (trois hommes, une femme et un enfant) dans l'abri sous roche de Cro-Magnon aux Eyzies de Tayac (Dordogne). Deux personnes, Quatrefage et Hamy, utilisent ceux-ci pour définir, en 1874, un « homme de Cro-Magnon ». Mais ceux-ci sont morphologiquement assez proches des hommes actuels et dans un premier temps on y voit plutôt une race, qu'on appela race de Cro-Magnon, au même titre que pour d'autres squelettes auxquels on donna le nom de race de.... race de Grenelle, race de Truchère... En 1888 un squelette trouvé à Chancelade, probablement à cause de son système masticateur puissant fut rapproché d'une race esquimaude. Bien que difficile à interpréter, on place aujourd'hui le crâne de Chancelade au paléolithique supérieur, c'est-à-dire contemporain de Cro-Magnon. Car ce ne fut pas immédiatement que l'on chercha dans Cro-Magnon un ancêtre de l'homme actuel.[106]

En fait ce fut bien l'homme de Néandertal qui servit de vrai point de départ à la reconnaissance d'espèces d'hommes qui auraient immédiatement précédé l'homme actuel. Au-delà de l'idée d'un simple malade, très vite le squelette fut analysé comme représentant d'une espèce à part entière. En 1908, en Corrèze, dans une cavité nommée la Chapelle Aux Saints, une fosse révèle un squelette de même type que celui de Néandertal. Il est entouré d'un matériel lithique dit moustérien, bien caractérisé dès cette époque. Il devient alors clair que l'on a affaire à une espèce, proche de l'homme actuel, mais antérieur et associable à un certain type de culture lithique.

Ceci est une avancée, mais on ne peut pas encore distinguer un être qui serait intermédiaire entre l'homme et un animal antérieur. Néandertal, proche de nous, est alors appelé Homo sapiens néandertalensis, terme qui souligne sa proximité avec l'homme actuel.

Mais, c'est dès 1892 que le saut évolutif apparaît. Eugène Dubois, un médecin né aux Pays-Bas, est inspiré par Haeckel qui pense que le berceau de l'humanité est en Asie. Il part en 1888 avec sa famille pour l'Indonésie et il y fait des fouilles. Il y découvre, quatre ans plus tard, à Java, des fossiles humains. Leur apparence est manifestement intermédiaire entre l'homme et le singe. Il nomme donc sa découverte, homme-singe, ou, en langage scientifique, Pithécanthropus. Comme celui-ci avait une position redressée de bipède, ce que montre son fémur, on lui ajouta le qualificatif d'erectus. De ce moment,

[106] La littérature sur l'homme et son ancienneté, ou, plus généralement sur la préhistoire, est immense. Mentionnons simplement à ce stade pour ceux qui cherchent des éléments précis : *Dictionnaire de la Préhistoire,* Sous la direction d'André Leroi-Gourhan, PUF 1988, remis à jour en 2005.

l'existence de formes anciennes de l'homme ne fait plus de doutes, relançant au passage la polémique socio-culturelle. L'homme appartient bien au domaine évolutif.

La découverte du pithécanthrope fut suivie, un peu plus tard, en 1927, par celle d'une molaire humaine, en Chine, à Zhoukoudian (anciennement appelé en français : Choukoutien). Davidson Black lui donna le nom de Sinanthropus pekinensis (Homme de Chine ou Sinanthrope). La grotte calcaire de Zhoukoudian faisait l'objet de fouilles suivies depuis 1921. Elle livra un matériel important : des restes d'une faune comptant une centaine de vertébrés, un outillage taillé en grande partie dans un quartz dit filonien, mal pratique à travailler ce qui donne aux outils un caractère grossier. Des foyers volontairement entretenus ont été mis en évidence.

En somme, avec Pithécanthrope et Sinanthrope on possède véritablement une espèce intermédiaire qui peut être associée à un type de culture. Comme la connaissance des outils en pierre taillée s'est affinée, on est arrivé à définir une configuration définie par un binôme espèce – culture lithique qui est devenue la base de la préhistoire, jusque dans les années soixante du XXe siècle.

On peut alors présenter un tableau qui permet de rattacher une espèce humaine à une culture, et réciproquement comme suit.

Deux grandes périodes :

Paléolithique (pierre ancienne) ou âge de la pierre taillée

Néolithique (pierre nouvelle) ou âge de la pierre polie.

Cette césure impliquée par les premières constatations sur les pierres se trouve assez vite confirmée comme primordiale, car elle recoupe également une césure importante dans le mode de vie. Le paléolithique est une période de prédateurs, les hommes vivent de chasse, de pêche et de cueillette. Le néolithique est une période de producteur, les hommes ayant découvert le principe de la germination des graines savent cultiver et même élever certains animaux domestiques.

Le paléolithique lui-même est divisé en trois grandes périodes ; anciens, moyen et récent. Chaque période est caractérisée par une espèce humaine et une (ou des) culture(s)associée(s) :

Ancien : 500 000 ans jusqu'à 300 000 ans. Homo erectus (Pithécanthrope et Sinanthrope) et taille de bifaces. Un biface est un rognon de silex qui est façonné pour produire un outil de forme globalement ovoïde, mais avec un talon et une pointe. Il est multi usage.

Moyen : 300 000 ans jusqu'à 35 000 ans. Homo sapiens néandertalensis (Néandertal), et taille sur éclats. Ce type de taille consiste à préparer un rognon de silex, puis d'en détacher un éclat d'une forme prédéfinie qui devient l'outil recherché. Le nucléus restant étant alors, non plus l'outil comme dans le cas précédant, mais un déchet de taille. Cette industrie est couramment appelée levalloiso-moustérienne.

Supérieur : 35 000 ans jusqu'à 10 000 ans. Homo sapiens sapiens (Cro-Magnon), et taille sur éclat. La précision de la taille permet alors d'obtenir des éclats de formes très diverses, chacun étant adapté pour un usage particulier. La nomenclature retenue pour nommer chaque type d'éclat n'est pas toujours très explicite sur l'usage attribué à chaque forme. Elle permet cependant de définir différents stades de cultures, mais l'homme qui les produit reste le même.

Sur une telle base, on peut commencer à envisager un tableau cohérent de la préhistoire, même si on ne sait encore que dire sur les périodes antérieures à 500 000 ans. Comment est-on arrivé à Pithécanthrope, cet intermédiaire entre homme et singe, mais manifestement plus homme que singe ?[107]

Pourtant, en 1920, en Afrique du Sud on avait déjà trouvé un enfant, bien plus primitif que Sinanthrope. En 1924, Raymond Dart le nomme Australopithécus africanus : singe de l'Afrique australe. En tant que trouvaille isolée, il n'avait encore guère de signification. Ou plutôt, la découverte fut refusée par la communauté en considérant qu'il ne s'agissait que d'un type éteint de singe.

Mais, bien évidemment l'histoire ne s'arrête pas là. Plus particulièrement, à partir des années 60, les recherches, suivies de découvertes, se multiplient, ouvrant ainsi une deuxième phase dans l'histoire de la chasse à l'homme primitif.

La famille Leakey est à l'œuvre en Afrique. Elle se compose du père Louis, de la mère Mary, suivis des trois enfants Jonathan, Philip et Richard. Leur site préféré était devenu la gorge d'Olduvai en Tanzanie qui avait été repérée en 1911 par un chasseur de papillon allemand comme pouvant livrer des restes paléontologiques. Dans les années 50, l'idée de chercher le berceau de l'humanité en Afrique surprenait encore. Il semblait évident que seule l'Europe pouvait être le lieu de cette origine. En 1959, en Tanzanie, les parents découvrent un ancêtre : on le nomme Zinjanthropus boisei. On le date de 1,4 million d'années. Les fouilles rapportent une collection de fossiles et de pierres taillées impressionnante. Il devenait alors clair que des hominidés avaient vécu dans cette région, il y a environ 2 millions d'années. Une telle ancienneté avancée au cours des années 60 était encore très présomptueuse. Quelques années plus tard, le fils, Richard, monta explorer les rives du lac Turkana (anciennement lac Rodolphe) au

---

107 *La Préhistoire,* André Leroi-Gourhan et autres auteurs, PUF coll Clio, édition de 1968.

Kenya. On y retrouve les restes de plus de 160 hominidés. En 1969, la belle pièce ! Un crâne intact d'une espèce qu'on appela Australopithécus boisei. C'est un bipède permanent (déterminé par la forme du bassin, du fémur et du trou occipital). Pas très grand (entre 1m et 1,5.m) avec une capacité endocrânienne de 400 à 600 cm^3.

En 1972, un autre crâne, en morceau celui-là, fut découvert à proximité, connu sous son nom de code, 1470. Il fallut des semaines pour le reconstituer, mais ce fut pour constater qu'il s'agissait d'un individu un peu plus évolué que l'Australopithèque. On le date de 2 millions d'années.

Il devenait évident que l'est de l'Afrique avait, il y a plusieurs millions d'années (de 2 à 3 environ), été occupé par au moins deux grands groupes d'hominidés : les Australopithèques qui disparurent et un autre groupe qu'après débats l'on nomma Homo habilis. Lors de la découverte du crâne 1470, la grande ancienneté d'une espèce classée dans le genre Homo faisait encore des sceptiques. A ce moment, il n'était pas encore démontré qu'Homo habilis, malgré sa plus proche parenté avec l'homme qu'Australopithèque, avait forcément donné une descendance qui pourrait faire le lien avec l'homme moderne. [108] Sa capacité crânienne est un peu plus grande, de 500 à 800 cm^3 (1470 fait 775 cm^3) et sa dentition montre qu'il est déjà devenu omnivore.

En 1976, lorsqu'une grande exposition, à Paris au musée de l'homme, présenta l'état de la paléontologie humaine, avec présentation des résultats des fouilles dans l'Est africain, le classement d'homo habilis fit encore débat.[109]

---

[108] Richard E. Leakey *: La naissance de l'homme,* Editions du fanal, 1981, traduit de l'anglais « The making of Mankind ».

[109] Voir le catalogue de l'exposition « Origines de l'homme » et son introduction par le commissaire scientifique, Yves Coppens.

C’est également autour de 2,5 millions d’années que l’on commence à voir apparaître des pierres taillées. Bien rudimentaire, il faut le reconnaître. On les appelle en français galets aménagés. On parle alors, toujours en français de « pebble culture ». Il s’agit de simples galets auxquels un éclat enlevé confère une partie un peu tranchante. Ils sont à peine distinguables d’une pierre naturellement cassée, mais ils sont façonnés par un individu qui est un peu plus qu’un animal type singe. On connaît des animaux qui savent utiliser des éléments naturels (pierre ou morceau de bois) comme outils, mais à partir du moment où un objet naturel est façonné dans un but précis (par exemple pour couper), on admet qu’on arrive vers l’homme, même si ce critère est loin d’être le seul.

On disposait donc alors, avec ces deux espèces et homo Erectus (Pithécanthrope et Sinanthrope), d’un cadre pour placer le début de l’Evolution humaine.

A partir de ce moment, les choses se précipitèrent… et se compliquèrent.

Elles se précipitèrent, car, ces premières découvertes en Afrique de l’Est produisirent un attrait pour cette région avec son corollaire, des financements publics permettant des recherches justement dans cette région, peut-être au détriment d’autres.

De nombreuses missions de prospection se déroulèrent sur place et connurent des succès. Elles mirent au jour nombre de restes nouveaux et permirent de remonter progressivement dans le temps. Les bords du lac Turkana livrèrent, outre les restes de nombreux animaux fossiles, un grand nombre de crânes d’Australopithèques, d’Homo habilis et même d’Homo erectus.

La grande trouvaille, en tout cas la plus médiatique, fut celle de Lucy. En 1974, une expédition internationale à laquelle participait Yves Coppens met au jour un squelette de jeune femme, forme ancienne d'Australopithèque, datée d'environ 3 millions d'années. Le fait le plus exceptionnel est de disposer de 52 fragments d'ossements appartenant au même individu. En général les restes d'un individu sont dispersés et il est très délicat de le reconstituer. L'individu complet suivant est celui de l'homme de Néandertal, 2.9 millions d'années plus tard.

A la suite de ces découvertes, on put étalonner Australopithèque, dans ses diverses formes, jusqu'à environ 5 à 7 millions d'années. Il est manifestement plus ancien qu'Homo habilis, même si les deux espèces ont dû cohabiter durant un certain temps. Mais d'autres formes intermédiaires sont trouvées et les problèmes de dénominations se compliquent, ainsi que le lien réel phylogénétique entre tous ces spécimens. Il faut organiser et la tâche n'est pas mince. On voit ainsi apparaître, Kenyanthropus platyops (3,5 Ma), Australopithécus afarensis (4 à 3 Ma), Ardipithécus ramidus (4,5 Ma), le fossile le plus complet de la série, Ardipithecus Kadabba (5,2 à 5,8 Ma), Orrorin tugenensis (6 Ma). Que veut encore dire la notion d'espèce ? Ce qui est certain c'est que les formes intermédiaires se multiplient rapidement. On trouve si on cherche.

Cette concentration de fossiles dans l'est africain (n'est-elle démontrée que parce que c'est là que les fouilles les plus importantes furent menées ?) oblige à une réflexion plus ample sur l'histoire de l'homme. L'idée que l'origine de l'humanité se trouve dans cette région de l'Afrique fait de plus en plus d'adeptes et commence à se répandre. L'hypothèse devient particulièrement réaliste.

Yves Coppens essaie donc d'expliquer pourquoi cette hominisation se serait produite là et non ailleurs.

Son raisonnement est facile à suivre. Les grands singes vivent plutôt en milieux boisés puisqu'ils se déplacent largement par brachiation (ou réciproquement ?). Le mouvement tectonique des plaques entraîne une séparation entre les plaques africaine et arabique. La faille terrestre qui délimite ces deux plaques, le grand rift africain, passe justement par cette zone. Elle tend à s'élargir. Ce mouvement géologique entraîne une évolution du climat différencié de part et d'autre de la faille. Les grandes forêts humides équatoriales restent à l'ouest de la faille, tandis que la partie est devient progressivement plus sèche et qu'il s'y développe un paysage de savane. Les grands singes restés à l'ouest restent des grands singes dans les forêts équatoriales. Les grands singes, ancêtres de l'homme, restés à l'est doivent s'adapter à ces changements. Moins d'arbres, donc ils doivent marcher et se redresser pour devenir bipèdes. De plus, une posture droite permet de voir plus loin en milieu ouvert pour surveiller les prédateurs éventuels. Moins de feuilles et un peu de viande à manger, le régime de nourriture devient progressivement omnivore. On se rapproche de l'homme.

Cette théorie est connue sous le joli nom d'East Side Story.[110]

Elle séduit et fut acceptée durant quelques années.

Malheureusement, en 1995, un professeur à l'université de Poitier, Michel Brunet, découvre une mandibule dans les sables du Tchad. Elle est datée de 3 à 3,5 millions d'années. Et, après examen, on la classe dans la catégorie des australopithèques. Bien sûr, une nouvelle catégorie est créée, appelée Australopithécus bahrelgazali, plus communément connue sous la dénomination de Abel. Le Tchad est à l'ouest du grand rift. Donc la théorie de l'East Side Story doit être reconsidérée. Sauf, éventuellement, si cette mandibule reste unique.

---

[110] Théorie mise à la disposition du grand public par Y Coppens dans son livre : *Le singe, l'Afrique et l'homme,* Fayard, coll. le Temps des Sciences, 1981.

Or, pas du tout. Les recherches, poussées par cette découverte, ont continué dans cette zone et ont été fructueuses. En 2001, la même équipe trouve un crâne. On le date de 7 millions d'années et c'est le plus ancien hominidé connu. Son petit nom est Toumai, son appellation scientifique : Sahelanthropus tchadensis. Il est intéressant de noter que les scientifiques réintègrent dans ce nom le qualificatif d'anthropus, c'est-à-dire homme. Cela signifie qu'ils voient vraiment en lui un ancêtre de l'homme, c'est-à-dire après la séparation de la branche qui mène à l'homme d'avec celle qui mène aux grands singes.

Même si le climat au Tchad il y a 7 millions d'années est nettement plus humide qu'aujourd'hui, cette découverte remet largement en cause la théorie d'Yves Coppens. Elle oblige à revoir l'idée selon laquelle l'origine de l'humanité serait l'Afrique de l'Est. Cette question devient plus complexe que ce que l'on avait cru pendant un moment.

Deux questions se posent alors :

1°) Quand et où la séparation entre hommes et grands singes a-t-elle eu lieu ? Michel Brunet pense qu'elle aurait pu se produire vers 8 à 9 millions d'années quelque part dans le sud de la Libye actuelle. C'est dire que Toumai serait très près de cette séparation. Des fouilles devaient être entreprises dans cette zone. Une convention entre l'Université de Poitiers avec le département de Géologie de l'Université de Tripoli avait même été signée[111], mais les évènements politiques de la région ne facilitent pas les choses.

2°) Comment s'est passée la diffusion de toutes ces espèces, ou d'une espèce mère, dans le monde entier ?

La question est difficile. Il y avait en Ethiopie sur les mêmes sites que ceux où l'on a trouvé des restes

[111] Voir sur ce point le livre de Michel Brunet : *D'Abel à Toumai,* Odile Jacob, 2006, p. 236.

d'Australopithèques et d'Homo habilis, des restes d'Homo erectus. Le plus vieil ancêtre du pithécanthrope a donc 1,9 millions d'années. On pouvait donc raisonnablement penser que le mouvement était parti de là. Mais là encore, les choses ne sont pas simples. A l'été 2007, Fred Spoor, professeur d'anatomie à l'University College de Londres présente un maxillaire d'Homo habilis trouvé au Kenya. Sa description induit que l'australopithèque ne pourrait pas être un ancêtre direct d'Homo habilis. Au mieux ils ont un ancêtre commun. [112]. A suivre.

On trouve ensuite des hominidés en Chine il y a, au moins, 2 millions d'années. Le plus vieil européen a été retrouvé en Géorgie. Il a 1,8 millions d'années.

Ils sont sortis d'Afrique. Cette théorie reste la plus acceptée : « *Aujourd'hui les preuves les plus convaincantes sont en Afrique. Par les fossiles eux-mêmes : les plus anciennes formes de primates ou d'hominidés ont été trouvées là. En outre, les données de la biologie moléculaire pointent fortement sur la proximité entre l'homme et les grands singes africains, en particulier le chimpanzé.* »[113]

Ils sont sortis d'Afrique. Bien, mais par où ? Deux voies sont étudiées qui passent toutes deux par la péninsule arabique.

On le voit, les points d'interrogation restent encore nombreux, mais il est clair que les très nombreuses formes intermédiaires trouvées permettent quand même de se faire une idée un peu plus précise des étapes par lesquelles un primate, ancêtre commun de l'homme et du singe, il y a 9 à 10 millions d'années a pu évoluer jusqu'à donner l'homme actuel.

---

[112] Cf. entretien avec Fred Spoor dans *Les dossiers de la recherche,* n°32 Août 2008, pp. 44-46.

[113] Entretien avec Richard Delisle « consensus autour de l'évolution humaine » *Les dossiers de la Recherche*, op. cit. p. 8.

Malgré toutes les interrogations restantes, il est maintenant plutôt raisonnable de parler d'un consensus en voie d'émergence au sein du monde scientifique sur ces étapes. Richard Delisle, paléontologue et philosophe des sciences à l'université de Lethbridge au Canada, fait, en 2008, dans un entretien au journal « la Recherche » la synthèse, de son point de vue, sur ce consensus émergent. Le mieux est sans doute de le suivre.

« Il y a quatre débats clés...

- *. Le premier porte sur le lieu. Aujourd'hui, il y a presque un consensus autour de l'Afrique, même si l'Asie ou le sud de l'Europe ne sont pas définitivement exclus.*
- *Le deuxième débat porte sur les relations avec les autres primates. Aujourd'hui ce débat est limité aux grands singes africains. Consensus.*
- *Le troisième débat est celui sur la morphologie de l'ancêtre :... Tous les spécialistes sont d'accord pour dire que l'ancêtre de l'homme ressemblait plutôt à une espèce de grand singe plus ou moins spécialisé. Les discussions ne portent que sur le niveau de spécialisation de cette forme...*
- *Le quatrième et dernier débat est celui de la date à laquelle la lignée de l'homme s'est séparée de son plus proche parent vivant... Aujourd'hui, la fourchette ne se situe plus qu'entre 5 et 10 millions d'années.*[114]

Ce qui, considérant la complexité du sujet, est quand même globalement assez consensuel.

---

[114] Rappelons que cet entretien date de 2008. En 2012, il semble que le haut de la fourchette, entre 8 et 10 millions d'années, soit de plus en plus accepté.

18 – La convergence

Le résultat de ces trois derniers siècles de réflexion sur la création du monde, sur l'apparition du vivant et les voies de son évolution depuis les origines il y a sans doute 3,8 milliards d'années jusqu'à l'homme actuel est une remarquable convergence entre les différentes approches scientifiques vers une explication, ou une vision, qui fait maintenant dans ses grandes lignes consensus au sein du milieu scientifique.

La proposition de Darwin, même malmenée, adaptée et complétée reste encore la théorie de base. Un congrès récent a adopté l'expression de « synthèse renouvelée », pour bien montrer la continuité de validité des principes darwiniens (allusion claire à la notion de « Théorie synthétique » qui fut adoptée dans les années 40 lors de l'intégration de la génétique moderne à l'approche paléontologique). En gros et pour résumer, il y a deux approches.

L'approche paléontologique qui consiste à analyser les formes de fossiles retrouvées (environ 300 000) et à les classer. Classement à la manière linnéenne, mais aussi selon la théorie des clades qui mettent ensemble des espèces présentant un, ou plusieurs caractères communs, signifiant ainsi qu'ils ont un ancêtre commun.

Cette approche, la plus traditionnelle, a permis de proposer un arbre phylogénétique du vivant cohérent et assez complet. Entendons-nous bien : 300 000 fossiles connus, par rapport au milliard d'espèces supposées avoir vécu sur terre à un moment ou à un autre, ce n'est qu'une partie infime. Mais l'enchaînement est cohérent. Un peu comme si l'on possédait une encyclopédie universelle en 25 volumes, que l'on n'avait pas encore le droit d'ouvrir, mais que l'on voit bien rangée sur une étagère et, en en regardant le dos des volumes, on aperçoit la suite logique de la lettre A à la lettre Z. Au moins on connaît l'ordre des choses.

La deuxième approche, beaucoup plus récente, est celle de la biologie moléculaire. On ne cherche plus à classer les individus connus par leur forme externe, mais par la position des gènes sur les brins d'ADN qu'ils possèdent. En opérant ce classement, on peut retrouver, non seulement la proximité relative de deux individus ou espèces (du type, l'homme ne diffère du chimpanzé que par 0.1% de son ADN), mais aussi, bien souvent, la détermination et l'ancienneté d'un ancêtre commun.

Revenons un instant sur cette approche.

Très sommairement :

En 1953, quand J.D.Watson et F.Crick mirent en évidence la structure moléculaire d'une substance en forme de filament connue au sein du noyau cellulaire, ils l'appelèrent ADN (acide désoxyribonucléique). En 1962, ils obtenaient le prix Nobel après avoir démonté le mécanisme de copiage de ce matériel génétique. C'est précisément ce que ne pouvait pas savoir G.Mendel, souvent appelé père de la génétique moderne, qui ne pouvait qu'observer les effets sans en connaître le mécanisme support.

La double hélice de l'ADN est actuellement bien connue. Chaque filament d'ADN se compose seulement de 4 éléments essentiels, A pour adénine, C pour cytosine, G pour guanine et T pour thymine ; ce sont les « bases ». Watson et Crick démontrèrent que dans la double hélice seul A s'ajuste avec T et C avec G. Par exemple, une séquence ATTCAG doit s'imbriquer à une séquence TAAGTC. De ce fait, lorsque la double hélice se sépare lors de la division cellulaire, la nouvelle hélice sera, dans les cas le plus fréquent, strictement identique à la précédente.

Des brins d'ADN, en tout ou partie, sont présents dans différents constituants. Le principal étant, le noyau des cellules. L'ADN en soi ne fait rien, mais elle donne une information, transmise par l'acide messager, ARN (acide ribonucléique), pour la fabrication d'une protéine au sein d'une cellule. Les protéines sont composées d'acides aminés (20) dont l'ordre détermine la fonction ; cellules de la peau, du sang, de la kératine des cheveux, des os, etc., donc le phénotype, c'est-à-dire la morphologie de l'individu. Une séquence d'ADN déterminant l'ordre des acides aminés d'une protéine est appelée gène.

Pour les gamètes, ovule chez la femme et spermatozoïde chez l'homme, chacun apporte une hélice d'ADN. Les deux, en se combinant donnent le code génétique de la nouvelle cellule, c'est-à-dire des informations venant à la fois du père et de la mère.

Point fondamental, cette séquence est modifiable.

Soit de manière artificielle ; en 1927 Muller et Stadler ont, indépendamment, découvert l'action mutagène des radiations ionisantes (rayons X ou gamma, voire ultra-violets). Depuis, la liste des produits mutagènes s'est bien développée.

Soit de manière naturelle ; l'apparition de variations héréditaires ou mutagènes est un phénomène très rare et spontané. Il y aurait très peu de chance de l'observer chez les organismes supérieurs, même en suivant les descendants d'un individu durant de nombreuses générations.

Lors de la reproduction chez les organismes qui possèdent un équipement chromosomique double, l'un d'origine paternelle, l'autre d'origine maternelle, il y a un mécanisme d'échange de matériel génétique à l'occasion duquel des changements sont possibles. De la fréquence de recombinaisons de différents gènes, on peut déduire leurs positions respectives et reconstituer la carte du chromosome. En suivant l'évolution de la séquence des acides aminés d'une protéine donnée, codée par l'ADN, on peut aussi suivre l'évolution des espèces.

Au sein du cytoplasme (enveloppe) de la cellule, mais en dehors du noyau se trouve plusieurs centaines de petites structures, appelées mitochondries, connues de longue date, dont le rôle principal est de brûler l'oxygène afin de donner de l'énergie. Au sein de chaque mitochondrie, se trouve un minuscule brin d'ADN, mini-chromosome de 16 500 bases de long seulement, tout petit par rapport au 3 milliards de bases des chromosomes du noyau (3 milliards pour l'homme, mais un nombre variable selon l'espèce considérée). Lors de la fécondation, le spermatozoïde qui gagne la compétition et pénètre dans l'ovule se déleste de son flagelle et de son cytoplasme ; seul le noyau apporte son code génétique propre. L'ADN mitochondrial est donc celui de l'ovule, c'est-à-dire de la mère. Ce brin d'ADN ne se modifie que très peu au cours de l'évolution de l'espèce et est, en principe, transmissible par la femme uniquement. Les seuls changements sont dus à des mutations sur des gènes qui surviennent de façon aléatoire. Ils ne peuvent venir de la reproduction, puisque l'élément paternel est absent. Ces mutations peuvent survenir tous les 20 à 30 000 ans, voire plus. Il est donc ainsi plus facile de reconstituer, ou vérifier une évolution, compte tenu du faible nombre de gènes à observer. Entre Cro-Magnon et Neandertal il y a environ 250 000 ans et donc l'ADN mitochondrial de leurs descendants différerait de 10 à 30 mutations seulement. Ceci signifie une quasi-stabilité sur l'époque récente.

En 2000, une étude menée par Bryan Sykes, professeur de génétique à l'université d'Oxford,[115] et réalisée sur une population du pays de Galles, détermine que la plus forte différence de mutation constatée était de huit. Après comparaison avec d'autres échantillons européens, on pourrait en déduire la très grande proximité avec l'homme de Cro-Magnon. Pour simplifier encore la recherche, Bryan Sykes a déterminé une région de contrôle de seulement 500 bases dans cet ADN mitochondrial qui lui permet de faire de cette étude une horloge à remonter le temps pour évoquer nos origines suivant l'ADN mitochondrial transmis par les femmes ; il arrive ainsi à sept Eve théoriques origines de tous les homo sapiens.

Cette approche par l'ADN mitochondrial permet de vérifier des parentèles récentes. C'est par elle que, par exemple, a été démontré, en 2012 que le squelette retrouvé sous un parking de Leicester en Grande Bretagne pouvait être celui de Richard III, roi d'Angleterre tué à la bataille de Bosworth en 1485.

C'est probablement encore cette analyse de l'ADN mitochondrial qui servira, pour partie, de base au gigantesque projet dit : « Genographic project ». Lancée en 2005 par le National Geographic. Cette étude vise à établir la carte des flux migratoires dans le monde grâce aux analyses ADN. Il fait appel à tous les bénévoles possédant des informations génétiques sur certaines populations. Ce projet réunit, 5 ans après son lancement, près de 600 000 personnes réparties dans 140 pays.

En 2002, deux médecins de Copenhague Marianne Schwartz et John Lissing publient un cas observé dans lequel une mutation génétique de l'ADN mitochondrial viendrait du père ! Un tel cas avait été observé chez des animaux, jamais encore chez des humains. La question est

---

[115] Bryan Sykes, *Les sept filles d'Eve*, Génétique et histoire de nos origines, Albin Michel, 2001.

de savoir s'il est une simple curiosité ou s'il reflète un phénomène qui doit être pris en compte dans les grandes études de mouvement et d'évolution des populations.

Une même approche, quoiqu'encore plus complexe est possible avec l'ADN des chromosomes complets. En partant du plus complexe (l'actuel pour l'homme) et en définissant les portions d'ADN qui ont dû préexister sur des espèces plus anciennes, on peut remonter ainsi de proche en proche vers des organismes de plus en plus primitifs. Une des formes les plus primitives de bactéries ne se compose que de 500 gènes, seuil à partir duquel le spécimen étudié est considéré comme appartenant au monde du vivant. Une structure extrêmement simple a même pu être reconstituée en mai 2010, après 15 années de recherches par le généticien américain Craig Venter. Son équipe a synthétisé in vitro un génome quasi similaire à celui d'une bactérie nommé Mycoplasma mycoides, d'une longueur de 1,1 million de paires de bases qu'il a introduit dans le génome d'une autre bactérie proche, mycoplasma capricolum. La bactérie ainsi modifiée était fonctionnelle et capable de se dupliquer. But de l'opération : étudier la cellule la plus simple possible.[116]

En remontant ainsi le temps, les biologistes arrivent par étapes à imaginer un organisme vivant originel, parfaitement théorique, baptisé LUCA, qui aurait pu vivre il y a 2,4 milliards d'années. LUCA est l'acronyme de : Last Universal Common Ancestor. Ce serait l'ancêtre commun des trois groupes du vivant, les archées, les bactéries (procaryotes, c'est-à-dire formés de cellules sans noyau) et les eucaryotes (c'est-à-dire avec cellules possédant un noyau).[117]

---

[116] Sandrin Etien : « une bactérie au génome synthétique », in *Les dossiers de La Recherche,* février mars 2013.

[117] Voir dans le même dossier, l'article « LUCA, ancêtre de tous les êtres vivants. »

LUCA est un microorganisme qui possède déjà tout le matériel nécessaire pour coder des gènes et les répliquer. C'est de lui qu'auraient émergé les lignées évolutives dont nous sommes le très lointain aboutissement.

Mais, quand on dit le « dernier » ancêtre commun, cela ne veut pas encore dire qu'il s'agit du premier auquel on attribue le qualificatif de « vivant ». Il est le dernier héritier d'une longue lignée préalable. En effet, on recherche les premières traces de vie entre 3,8 et 3,4 milliards d'années.

Il n'empêche. Les biologistes tentent de retrouver l'arbre phylogénétique des êtres vivants, par ordre d'apparition à l'écran pourrait-on dire, le plus complet possible, depuis LUCA jusqu'à nous. Ils démontrent ainsi l'unité du vivant au niveau le plus petit. Geoffroy Saint Hilaire ne pouvait l'imaginer, mais il avait raison. On peut s'émerveiller qu'ils y arrivent, même s'il y a bien des hésitations sur le détail et des évaluations corrigées régulièrement.

Mais alors que se passe-t-il avant LUCA, puisqu'on admet, par définition, qu'il n'est pas le premier car bénéficiant déjà d'une structure biologique élaborée ?

Auparavant on peut, à nouveau, avoir recours aux matériaux fossiles. On les trouve souvent en Australie où l'on peut observer de très vieilles roches sédimentaires datées de 3,8 à 2,7 milliards d'années. Ce sont des amas de formes plus ou moins géométriques qui ne peuvent être complètement naturels. On suppose que ce sont les sécrétions calcaires formées par des êtres monocellulaires vivant en colonies. On en a trouvé dans la province de Pibara datés de 2,7 milliards d'années. Les roches de Strelley Pool, également en Australie, dateraient de 3,4 milliards d'années. Elles renferment des formes ovoïdes qui pourraient être des microfossiles.

Comment peut-on reconnaître une ancienne forme de vie dans un calcaire, simplement parce qu'il est de forme ovoïde, ou autre ? Question éminemment complexe, mais à laquelle des éléments de réponses peuvent être apportés, notamment en faisant appel à des analyses physico-chimiques.

On retrouve un peu les mêmes moyens d'études que ceux évoqués précédemment pour la radio-chronologie : les rapports isotopiques. La vie est une chimie à base de carbone. Le carbone est un élément naturel qui possède plusieurs isotopes (nombre variable de neutron dans le noyau de l'atome). Un processus biologique favorise au sein d'un élément carboné la concentration de certains isotopes comme le carbone 12. Si on analyse, dans une roche le rapport entre carbone 12 et le carbone 13, un rapport montrant un enrichissement en carbone 12 indique, vraisemblablement, une origine biologique. Ce résultat n'est malheureusement qu'une probabilité, car certaines réactions chimiques « non-biologiques » peuvent imiter ce type de signature.

C'est pourquoi l'interprétation de trouvailles très anciennes est sujette à discussion parmi les spécialistes.

Ce qui fait consensus aujourd'hui : les roches trouvées à Pibara, en Australie, datées d'il y a 2,7 milliards d'années présentent de fortes analogies avec des organismes vivant encore aujourd'hui, les stromatolithes, que l'on retrouve dans certains milieux marins. Il y a accord pour considérer ces roches comme le résultat de l'existence de bactéries à cette époque ; donc une forme ancienne du vivant.

Ce qui fait toujours débat : des roches datées d'environ, 3,8 milliards d'années, trouvées sur la côte sud-ouest du Groenland ont fait l'objet d'analyses de rapports isotopiques. La forte teneur en carbone 12 plaide pour une origine biologique. Mais certains affirment que cet élément n'est pas suffisant pour être considéré comme une preuve.

Et encore avant ?

Les hypothèses se côtoient.

Les expérimentations menées au début des années 1950 par le chimiste américain Stanley Miller ouvrent une piste sur la façon dont ont pu se constituer « naturellement » les premiers éléments « pré-biotiques ». Il a réussi à produire artificiellement des acides aminés, bases des protéines. Ses résultats d'expériences ont été repris récemment par ses anciens élèves pour préciser la possibilité de certains mécanismes.

Une origine terrestre de la vie faisant intervenir certains minéraux, argiles et pyrites de fer notamment, est également étudiée. On a réussi à assembler, en laboratoire, des chaînes d'acides aminés à partir d'argile.

Une hypothèse reste ouverte, celle d'une formation de briques de vies dans l'espace apportées ensuite sur terre. Cette hypothèse repose, notamment sur l'étude de la météorite de Murchison qui est tombé en Australie en 1969 et dont l'analyse montre qu'elle contient non seulement des acides aminés, mais aussi des bases azotées qui entrent dans la composition des molécules d'ADN et d'ARN.

Marie-Christine Maurel, professeur de biologie et biochimie à l'institut Pierre et Marie Curie de Paris, souligne que ces différentes hypothèses ne s'excluent pas forcément : *« au contraire, il est probable que la formation de matières organiques ait emprunté des voies différentes aux débuts de la vie. »*[118]

Et les progrès de la connaissance dans ce domaine ne semblent pas proches de s'arrêter.[119]

---

[118] *Id.* p. 13.

[119] Ces lignes ont été écrites en mars 2013. Il est clair, en suivant l'actualité dans ce domaine, que ce texte risque fort de ne plus être très

Cette approche de l'histoire de la vie par la biologie moléculaire peut être mise en concordance avec l'arbre phylogénétique établi par les paléontologues. Le plus étonnant est peut-être que cette approche par la biologie amène, in fine, à un arbre de la vie sensiblement proche de celui qui a été élaboré par les paléontologues.

Certes, cet arbre de vie n'est pas figé. Chaque découverte dans un domaine ou un autre permet de l'affiner ou de l'adapter. Un seul exemple pour se faire comprendre : en 2002 un doctorant de l'université de Varsovie découvre des empreintes fossiles très particulières dans le sud de la Pologne, celles de vertébrés terrestres tétrapodes. Or ces roches datent de 400 millions d'années, à une époque où l'on pensait que n'existaient que des formes intermédiaires entre poissons et tétrapodes. L'année d'après, de nouvelles empreintes similaires sont mises au jour. Les conclusions des études menées, parues dans la revue « Nature » en 2010, obligent à reculer de 20 millions d'années la date envisagée d'apparition des plus vieux vertébrés terrestres.[120]

Une telle découverte perturbera peut-être les travaux de quelque thésard. Elle ne remet pas en cause l'ordre de l'évolution. Il en est ainsi de chaque nouvelle découverte ponctuelle. La probabilité d'une découverte remettant l'ensemble de l'édifice en cause, semble s'éloigner.

Approche paléontologique et approche par la biologie moléculaire sont deux schémas convergeant vers le même arbre phylogénétique de la vie.

« actuel » sous quelques années. Mais la probabilité la plus forte est que même si des hypothèses particulières sont soit confirmées, soit infirmées, le sens général de l'évolution de la vie que nous percevons aujourd'hui restera sensiblement le même.

[120] *La Recherche*, mars 2010, n° 439 p. 20.

19 – Une tentative inaboutie

La préhistoire, dès le début, a intéressé les hommes d'église au moins autant que les laïcs. L'exemple de l'abbé Breuil, le « pape de la préhistoire », en est le plus marquant : Henri Edouard Prosper Breuil (1877-1961), a occupé au Collège de France, la première chaire dédiée à la Préhistoire[121]. Julien-Marie Durand (1904-1970) s'inscrit dans cette tradition, immédiatement à la suite de l'abbé Breuil qu'il a bien connu et avec qui il a signé l'article intitulé *Le Prémoustérien du Tuteil (Ariège.)*· André Glory (1906-1966), ordonné prêtre à Strasbourg en 1933, obtient le titre de Docteur de l'Université Catholique de Toulouse pour sa thèse sur *La civilisation néolithique en Haute-Alsace* en 1942. Louis Bardon et Jean Bouyssonnie signèrent un article sur la découverte de Néandertal en 1908, etc.

Ceux-ci étaient prêtres. Ils contribuaient à la mise en évidence de l'évolution humaine par leurs découvertes, mais, au moins publiquement, ils ne s'aventuraient pas à chercher un compromis acceptable entre cette science alors nouvelle et le caractère sacré du texte de la Genèse. On sent bien que la question devait être présente dans leur esprit, mais il était sans doute plus efficient pour eux de ne pas la mettre trop en avant. Ou pas encore ?

Ce n'est pas le cas du père Teilhard de Chardin (1881 – 1955).

---

[121] Grand spécialiste de l'art pariétal, même si ses interprétations ont fois été contestées par la suite. Son œuvre majeure reste l'ouvrage : *400 siècles d'art pariétal.*

Théologien, comme nombre de Jésuites, il doit avoir une formation de l'enseignement laïc en parallèle. Il choisit les sciences naturelles et s'intéresse tout particulièrement à cette question de l'évolution. Il suit un véritable cursus scientifique. En 1912, il rejoint le Muséum National d'Histoire Naturelle de Paris et y collabore avec Marcellin Boule, paléontologue qui avait étudié le premier squelette entier d'un homme de Néandertal. Il soutient sa thèse de doctorat sur les « Mammifères de l'Eocène inférieur français et leurs gisements ».

Il effectue un premier voyage en Chine en 1923, puis un second en 1926 au cours duquel, en association avec le paléontologue Franz Weidenreich, il joue un rôle actif dans la découverte et l'étude scientifique du Sinanthrope.

C'est dire qu'il est, à son époque, considéré comme un vrai savant contribuant à faire découvrir l'évolution des hominidés.

Teilhard est également un penseur à l'écriture féconde ; pas moins de 13 ouvrages, publiés pour l'essentiel, après sa mort, sur le thème de l'évolution sans compter ses écrits sur d'autres thèmes[122]. Sans pouvoir affirmer qu'il fut le seul, il est certainement celui dont les tentatives de réinterpréter les positions religieuses au regard des développements de la science moderne furent les plus lues et discutées à cette époque.

Son œuvre impressionna.

Comment présente-t-il les choses ?

Le texte qui donne peut-être la meilleure synthèse de sa pensée est, probablement, son ouvrage : *la place de l'homme dans la nature - Le groupe zoologique humain.* Il

---

[122] En particulier *La messe sur le monde*, écrit lors de son premier voyage en Chine et publié en 1923.

termine de l'écrire le 4 août 1949.[123] Il y tente une véritable anthropogenèse, c'est-à-dire une science de l'homme mise en prolongement d'une science de la vie.

La clé de sa démonstration part de la constatation que l'homme occupe une position particulière : « *Nous commençons à réaliser dans notre esprit, en fonction même des derniers progrès de nos connaissances, que l'homme occupe une position clé, une position d'axe principal, une position polaire dans le monde.* »[124]

« *... une espèce en apparence... mais qui se révèle doué de propriétés biologiques absolument prodigieuses, être la vie portée à son extrême, c'est-à-dire, finalement, représenter l'étoffe cosmique à son état le plus complet, le plus achevée dans le champ de notre expérience... l'Homme donnant son sens à l'histoire... l'Homme seul paramètre absolu de l'Evolution.* »[125]

Derrière cette formulation grandiloquente se monte un raisonnement qui part du très concret.

Sa connaissance précise des découvertes récentes lui permet de retracer, à grands traits, l'émergence de l'homme parmi la diversité biologique connue à son époque ; Pithécanthrope, Sinanthrope, Homme de Néandertal et enfin l'homme moderne.

Il constate deux choses en particulier.

Tout d'abord que chez l'ensemble des groupes animaux, l'évolution va vers une complexification qui entraîne une multiplication des espèces au sein de chaque groupe et famille. Chez l'homme, au contraire, et chez l'homme seul, l'évolution va de la diversité vers l'unification. Il y a eu, certes, de nombreuses espèces paléontologiques, certaines ayant dû vivre plus ou moins

---

[123] Paru chez Albin Michel en 1956. L'édition utilisée ici est celle de la collection 10-18, 1962.
[124] *Op.cit.* p. 14.
[125] *Id.* p. 15.

vers les mêmes périodes, mais, aujourd'hui, ces espèces ont fait place à une seule ; l'Homo sapiens sapiens ou, plus simplement, « l'Homme ». Divergence des animaux, versus convergence de l'homme : « *L'homme phylum à lui seul* »[126]. Il voit cette confluence des rameaux comme un phénomène jusque-là inouïe dans la nature.

Ensuite, il constate qu'arrivé à un certain degré de développement biologique, l'homme bipède n'évolue plus que par la taille de son cerveau. Cette constatation n'est pas rigoureusement exacte - la taille du cerveau de Néandertal était en moyenne un peu plus grande que celle de l'homme actuel (1 700 cm3 contre 1 400 cm3) - mais dans ses grandes lignes elle se trouve justifiée.

C'est-à-dire que, d'une part, l'homme apparaît comme l'aboutissement biologique de la diversité évolutive et, d'autre part, son évolution actuelle va vers une cérébralisation croissante « *effort biosphérique de cérébralisation* », continuité de l'évolution « biologique » de l'homme dans son évolution cérébrale ou de capacité de pensée : « *sphère pensante surimposée à la biosphère* ».

Utilisant le terme grec *noos (que l'on peut traduire par intelligence, esprit, pensée)* il invente et décrit comme suite de la biosphère l'apparition d'une noosphère.

La mise en évidence de cette noosphère qui accélère le processus évolutif de manière considérable est posée par l'apparition de l'Histoire (par opposition à la Préhistoire), la formation des empires, l'évolution des techniques productives, le développement de la pensée philosophique, dont aucune autre espèce vivante ne serait capable, etc.

En somme jusque-là, rien de vraiment surprenant, sauf peut-être le fait de mettre sur la même ligne évolutive l'évolution des caractères physiques et le développement de

---

[126] *Id.* p. 111.

la pensée conceptuelle rendue possible par le développement biologique du cerveau.

« *Nature orientée, orthogénique, d'une évolution...* (qui*) s'affirme avec pleine évidence sur le domaine du socialisé.* »[127]

Cette évolution souligne-t-il amène tout naturellement, à un certain stade, le regroupement des individus en entités qui ont tendance à ne réagir que par rapport au groupe ou à la civilisation à laquelle ils appartiennent. Teilhard, écrivant juste après la Deuxième Guerre mondiale, sans doute encore marqué par les horreurs que le monde a connu dans cette première partie de XXème siècle, n'hésite pas à considérer le totalitarisme (il utilise le terme « totalisation ») comme une étape incontournable de l'évolution de cette noosphère.

C'est là, semble-t-il, un point clé de sa pensée qui est d'analyser l'histoire de l'homme (dans cette acception qui s'oppose à la notion de préhistoire) avec les mêmes outils et concepts que ceux qu'il utilise en paléontologie : « *comprimez de la matière inanimée, vous la verrez réagir en changeant de structure ou d'Etat... Ce qui paraissait n'être d'abord qu'une tension mécanique... se traduit maintenant en montée d'intériorité.* »[128] Les exemples de cette évolution rapide ne manquent pas : « *le savant, exceptionnel, jusqu'au XIXème siècle, devient courant au XXème siècle.* »

A ce point encore, le concept est aisément acceptable. La vraie question étant de savoir si les progrès de l'humanité pensante sont liés à une évolution des connexions neuronales du cerveau depuis environ 5 000 ans, ou bien plutôt à une meilleure utilisation de celles-ci, la structure physiologique de base n'ayant sans doute

---

[127] *Id.* p. 125.

[128] *Id.* p. 134 – 136.

guère eu le temps de changer au cours de ce bref espace de temps.

Sa pensée se poursuit en imaginant qu'une fois l'homme ayant assouvi ses besoins de base, ayant vérifié l'inanité de la totalisation, il se recentrera sur lui-même, non pas pour la simple jouissance matérielle que lui apporte le progrès des techniques, mais vers une plus grande spiritualisation et là…

… là apparaît le futur.

Cette évolution n'est pas terminée. Au contraire, le cycle se prolonge dans une étape supplémentaire qui tend vers « l'ultra-hominisation » par le retour de la science sur l'intelligence dont elle émane, par mise en circuit de neurones déjà tout prêts ou par provocation de nouveaux agencements.

Cette évolution peut prendre encore un long moment, ce qui n'est pas un problème, car l'homme de plus en plus nombreux sait trouver sur la planète les ressources nécessaires (rappelons que Teilhard écrit vers le milieu du XXème siècle).

Mais vers quoi tend- elle ?

Vers une communication, non plus d'esprit à esprit, mais de cœur à cœur qui ramène à l'individuation, autrement dit au recentrage sur la personne ; chaque homme pris individuellement, point de confluence de l'évolution.[129]

C'est alors qu'arrive la conclusion :

« *Et c'est en ce point, si je ne m'abuse, que sur la science de l'Evolution (pour que l'Evolution se montre capable de fonctionner en milieu hominisé) s'insère le problème de Dieu, Moteur, Collecteur et Consolidateur, en avant, de l'Evolution.* »[130]

---

[129] *Id.* p. 140.
[130] *Id.* p. 168.

Il reprend la formule différemment en note, cette fois, sans faire référence à Dieu : « *Ce qui revient à dire que tout se passe, au cours de l'enroulement cosmique, comme si, graduellement, c'était la superstructure (psychique), au lieu de l'infrastructure (physique) qui devient la portion consistante des particules vitalisées.* »

Une telle approche est à la fois timide et très téméraire.

Timide, car elle n'apparaît que comme une hypothèse face à ce qui semble inévitable à l'avenir, le recentrage sur l'homme. Mais que signifie vraiment ce terme ?

Téméraire, car elle envisage l'avenir par déduction du passé. Mais surtout elle suppose qu'arrivée à un certain point, la part physique de l'homme devient tellement ténue, par rapport à sa dimension spirituelle qu'elle lui permet alors de se rapprocher (de fusionner ?) avec Dieu, puisque l'homme a été créé à l'image de Dieu.

Cette évolution future, détaillée dans d'autres écrits[131], envisage, en partant du point alpha de la création, une évolution qui mène à un point oméga de convergence entre l'homme et Dieu.

« Nous ne saurions naturellement imaginer ni décrire un tel phénomène qui implique apparemment une évasion hors de l'Espace et du Temps. Cependant, certaines conditions énergétiques précises nous obligent à penser qu'il coïncide avec un accès définitif à l'irréversible ». Cet irréversible est dû à la puissance du facteur externe de convergence qu'est la religion chrétienne.

Dans cette rencontre future de Dieu et de l'homme rendue possible par la poursuite de l'évolution, il y a quelque chose de l'expérience extatique des mystiques du XVIème siècle ; en particulier de Sainte Thérèse

---

[131] Une bonne synthèse de la pensée de Teilhard est celle de l'opuscule éditée en 1964 par le *« Centre Belge Teilhard de Chardin »* écrit par jean Dumoulin.

d'Avila[132]. Celle-ci raconte, en détail son expérience personnelle de rencontre avec Dieu vers qui elle n'a pu arriver que par la force de la pensée. La différence étant que ce qui n'était possible à cette époque qu'à quelques personnes au mental particulièrement fort deviendra une sorte de point commun pour tous du fait de la poursuite de l'Evolution.

Teilhard fait donc sienne la théorie de l'Evolution à une époque où celle-ci était regardée encore avec beaucoup de méfiance par l'Eglise catholique. Même s'il lui donne une signification théologique particulière, il l'accepte dans son principe. Elle devient même moteur de la rédemption.

Or, la théorie de l'Evolution, et plus particulièrement celle de la sélection naturelle, implique, prise en creux, que les « moins-aptes » soient systématiquement détruits au profit des « plus-aptes ». On sait depuis toujours que la nature est rude, mais reprendre implicitement l'idée que cette destruction systématique soit intégrée dans un plan divin pose problème.

C'est probablement sur ces points et à cause de cette audace futuriste que les positions de Teilhard seront, finalement, condamnées par l'Eglise Catholique.

Le 30 juin 1962, un monitum du Saint-Office déclare : « *Avertissement. - Certaines œuvres, même posthumes, du Père P Teilhard de Chardin se répandent et connaissent un succès qui n'est pas mince.* »

« Sans juger ce qui concerne les sciences positives, il est suffisamment manifeste qu'en matière philosophique et théologique lesdites œuvres fourmillent d'ambiguïtés ou plutôt d'erreurs graves qui portent atteinte à la doctrine catholique. »

---

[132] A la demande de son confesseur, Sainte Thérèse d'Avila rédige en 1554 son autobiographie manuscrite. Réécrite en 1562, celle-ci ne sera publiée qu'après sa mort en 1588 sous le titre : *Vie de la Mère Thérèse de Jésus,* écrite de sa propre main.

L'Eglise n'a pas admis la position de Teilhard, mais elle la réfute sans précision excessive, ce qui lui donne la possibilité de ne pas se prononcer explicitement sur le problème de fond : Evolution ou pas ?

Le débat n'est pas clos par cette simple réfutation. Mais, en toute hypothèse, quelque-soit son intérêt intrinsèque, il ne touche pas à la question d'origine, qui est de comprendre la discordance qui existe entre la vision traditionaliste de la Genèse d'un monde créé en huit jours et l'approche scientifique qui donne plutôt 4,5 milliards d'années d'ancienneté à la terre.

Teilhard aurait pu reprendre la thèse d'une interprétation métaphorique de la Bible. Il ne l'a pas fait. Mais, en ouvrant clairement la plausibilité de la thèse évolutionniste, il rend possible le débat « dépassionné » entre science et religion qui va se poursuivre.

Par contre il convient de souligner que, pour tenter de rapprocher ces deux visions, Teilhard reprend assez directement la vision de Philon pour qui, même si Dieu a pu décider et concevoir le monde en un instant, la mise en œuvre a pu n'être que progressive.

La formulation de Teilhard, même si elle est plus élaborée, est proche de cette vision :

« Créer, même pour la Toute-Puissance, ne doit plus être entendu par nous à la manière d'un acte instantané, mais à la façon d'un processus ou geste de synthèse. L'Acte pur et le

« Néant » s'opposent comme l'unité achevée et le multiple pur. Ceci veut dire que le

Créateur ne saurait, en dépit (ou mieux en vertu) de ses perfections, se communiquer immédiatement à sa créature, mais qu'il doit la rendre capable de le recevoir. Pour pouvoir se donner au Plural, Dieu doit l'unifier à sa mesure. Des origines du Monde à Lui, la constitution de

Plérôme se traduit donc nécessairement à nos esprits par une progressive marche de l'esprit ».[133]

Il est tout à fait remarquable de constater une telle convergence de vue à 2000 ans d'écart, et après autant de débats violents.

[133] Cité par Dumoulin, *op.cit.* p. 11.

20 – Vers une réconciliation

Face aux très grands développements de la science relative à la constitution du monde, à sa très grande ancienneté et aux mécanismes de l'évolution, l'attitude de la religion a évolué, on pourrait dire naturellement. Après le temps du refus né des craintes liées aux nouveautés apparues depuis la fin du Moyen Age, après une période de perplexité marquée au XIXème siècle, le XXème siècle a été celui de la réflexion et de l'apparition d'une convergence de pensée ou au moins de la bonne définition des frontières entre la science et la foi et du dialogue nécessaire entre ces deux notions.

A la fin du XIXème siècle, avec les nouveautés apparues dans les domaines politiques et sociaux, on peut dire que Léon XIII a marqué une rupture. Tout d'abord en appelant les catholiques français à se rallier à la République, ensuite par son encyclique : *de Rerum novarum*, parue en 1891, qui apporte un regard nouveau sur les questions sociales et la défense des classes populaires souffrant, dans leurs conditions de travail, du développement industriel.

Le développement des connaissances scientifiques a bénéficié de ce nouveau souffle de l'Eglise catholique romaine. Comme souligné au chapitre précédent, les religieux fascinés par la recherche des ancêtres de l'homme et de leurs artefacts (et ils furent nombreux) sont laissés libres de s'adonner à cette nouvelle chasse au trésor.

La profonde réflexion de Teilhard de Chardin a marqué les esprits, même si elle fut condamnée dans ses conclusions. Elle provoqua une réflexion plus structurée de l'Institution romaine, dans un esprit d'ouverture.

Pie X, successeur de Léon XIII, mais plus conservateur, défendait encore la théologie naturelle dans l'Encyclique *Pascendi Dominici gregis* (1907) et condamnait toute dépendance de la foi et de la religion à l'égard de la raison critique : *« La raison humaine, enfermée rigoureusement dans le cercle des phénomènes, c'est-à-dire des choses qui apparaissent, et telles précisément qu'elles apparaissent, n'a ni la faculté ni le droit d'en franchir les limites ; elle n'est donc pas capable de s'élever jusqu'à Dieu... »*

Pie XI, partageait encore largement cette conviction, mais, conscient de la nécessité d'un débat sérieux mené avec des arguments qui ne peuvent être taxés de fantaisistes au regard de la science, il décida de doter l'Eglise catholique d'un véritable outil scientifique. C'est ainsi que fut créée, en 1936, l'Académie Pontificale des Sciences.

Cette Académie a pour objet de s'intéresser à la recherche scientifique fondamentale, afin d'aider à formuler une théologie qui soit en harmonie avec le prodigieux essor des connaissances.

Cette Académie possède aujourd'hui la réputation d'être l'assemblée qui compte le plus grand nombre de lauréats du prix Nobel, la plupart d'entre eux ayant été élus à l'Académie Pontificale des Sciences bien avant de recevoir le prix Nobel.

Cette heureuse initiative, n'empêcha pas Pie XI de rester, lui-même, très réservé sur la question de l'Evolution.

Toutefois l'orientation prise a permis à Pie XII, le 12 août 1950, de publier l'encyclique *Humani generis* [134]qui

---

[134] L'essentiel des données concernant l'évolution et la position actuelles de l'Eglise sur ces sujets peut être retrouvée dans l'ouvrage :

confie la question de l'origine des espèces vivantes aux spécialistes des sciences naturelles, mais en maintenant une restriction anthropologique ; on ne peut pas expliquer l'être humain par les seuls faits biologiques. En tant qu'être doté d'une âme, chacun de nous est un nouveau début qui renvoie au Créateur.

Il s'agit pourtant d'un pas en avant considérable, car, par ce texte, la papauté accepte et par conséquent justifie, la participation d'hommes d'Eglise à l'étude des sciences de l'Evolution. Mais cette position laisse entière le débat de fond.

Pour la suite, une part essentielle de la réflexion sur ce thème revient à un homme, le Cardinal Ratzinger, devenu pape en 2005, sous le nom de Benoit XVI. Depuis très longtemps, le cardinal Ratzinger, en tant qu'homme et théologien était particulièrement intéressé par cette question du rapport entre la Foi et la Science et sur la question de l'Evolutionnisme.

L'apport de ses propres réflexions a pris un relief particulier, compte tenu de sa position dans la hiérarchie catholique. Avant d'être pape, il fut, en effet, nommé préfet de la Congrégation pour la doctrine de la Foi. Ses qualités reconnues de théologien l'ont naturellement mené à cette place où se définit, in fine, la position officielle de l'Eglise sur les points de doctrine pouvant faire l'objet de débat. Dès 1968, celui-ci, alors enseignant à Tübingen, donnait une série d'émissions à la Süddeutsche Rundfunk sur l'Evolution. Son approche était déjà claire : la position

---

Création et Evolution : une journée avec Benoît XVI, présenté par le cardinal Schönborn, archevêque de Vienne, paru initialement en allemand en 2007 et consultable dans sa traduction française de 2009, collection Parole et Silence.

Une synthèse sur le sujet est parue dans la *Revue Théologique* de juillet-septembre 2008, à l'occasion de la sortie du livre mentionné ci-dessus. Elle est consultable sur internet à l'adresse suivante : http://www.revue-resurrection.org/Creation-et-evolution-la-pensee-de

de l'Eglise est rationnelle et doit le rester : *« Nous ne devons pas nous soucier ici du fait que beaucoup de personnes pensent que le système de croyances chrétien n'est pas approprié, qu'il en faudrait un autre, parce qu'elles donnent leur avis dans le cadre de leur propre choix religieux et hors contexte scientifique. »* La formulation a l'avantage d'être claire !

Dans un texte de la même année, il précisait : *« La théorie de l'évolution ne supprime pas la foi ; elle ne la confirme pas non plus. Mais elle la pousse à se comprendre elle-même plus profondément, et à aider ainsi l'être humain à se comprendre et à devenir de plus en plus ce qu'il est : l'être qui dans l'éternité doit dire à Dieu « tu ».* Une telle position était alors avant-gardiste. Il posait également une question : Doit-on considérer la matière comme étant la préhistoire de l'esprit ? Référence implicite aux réflexions de Teilhard.

En 1985, à l'occasion d'un symposium, il donne sa position, qui peut être considérée comme celle de l'Eglise. Il rend d'abord un nouvel hommage à Teilhard de Chardin (il l'avait déjà fait en 1968) tout en soulignant les limites de son œuvre : *« Les intuitions de Teilhard ont sans aucun doute impulsé diverses réflexions qui ont enrichi le dialogue entre philosophes, théologiens et scientifiques. Mais elles ne purent être une réponse définitive. »*[135]

L'essentiel de son message tient en quelques lignes. Quelles conséquences implique le fait de réduire toutes les vérités à la matière, ce qui permet d'atteindre une totalité à peine imaginable au XIXe siècle ? *« Si cela ne pose plus aucune difficulté pour la foi aujourd'hui de laisser l'hypothèse scientifique de l'évolution se déployer sans frein et d'après ses propres méthodes, la revendication de totalité de « l'évolution » en tant que modèle*

---

[135] Une citation assez longue de l'introduction du cardinal Ratzinger à ce symposium figure dans l'ouvrage déjà mentionné, pp. 8-11.

d'interprétation philosophique n'en est pas moins une exigence radicale adressée à la foi et à la théologie... Il ne faudrait en aucun cas que survienne le moindre soupçon d'une nouvelle querelle entre la science et la religion, ce qui n'est absolument pas le sujet de ce débat. Le véritable niveau de discussion est celui de la pensée philosophique : lorsque la science devient philosophie, c'est à la philosophie de s'expliquer avec elle... Il s'agit d'une dispute philosophique rationnelle qui cible l'objectivité d'une connaissance rationnelle, non une opposition entre la foi et la raison... »

Dans ce contexte, il ne faut pas s'étonner que Jean-Paul II ait pu déclarer, en 1996 devant l'Académie pontificale, que : *« la théorie de l'évolution est plus qu'une hypothèse »* et que si des contradictions apparaissaient entre les conclusions auxquelles aboutissent les diverses disciplines scientifiques et celles qui sont contenues dans le message de la Révélation, il faut chercher une solution.

Jean-Paul II avait nommé en 1986, son homme de confiance, le cardinal Ratzinger, responsable de la Commission chargée d'élaborer un catéchisme. Il n'est donc pas étonnant de voir la doctrine catholique relative à la création prendre une large place dans le nouveau *Catéchisme de l'Eglise catholique*, paru en 1992. La reconnaissance de l'œuvre de la science y est manifeste, sans que cela choque l'esprit croyant : *« La question des origines du monde et de l'homme fait l'objet de nombreuses recherches scientifiques qui ont magnifiquement enrichi nos connaissances sur l'âge et les dimensions du cosmos, le devenir des formes vivantes, l'apparition de l'homme. Ces découvertes nous invitent à admirer d'autant plus la grandeur du Créateur, à Lui rendre grâce pour toutes ses œuvres et pour l'intelligence et la sagesse qu'Il donne aux savants et aux chercheurs. »* [136]

Devenu pape, le cardinal Ratzinger garde à l'esprit les sujets qui lui tiennent à cœur. On ne doit donc pas être surpris de retrouver ce thème dès sa première homélie, lors de sa messe inaugurale du pontificat le 24 avril 2005 : *« Nous ne sommes pas le produit accidentel et dépourvu de sens de l'évolution. Chacun de nous est le fruit d'une pensée de Dieu. Chacun de nous est voulu, chacun est aimé, chacun est nécessaire. »*

La même année 2005, le cardinal Christoph Schönborn, archevêque de Vienne, publia, le 7 juillet, un article dans le New York Times. Il y écrivait que *: « l'évolution au sens d'un ancêtre commun est peut-être vraie, mais l'évolution au sens néo-darwinien – un processus non guidé et non planifié de variation aléatoire et de sélection naturelle – ne l'est pas ».* La radicalisation, aux Etats-Unis, du débat à la suite de cet article conduisit certains à classer le cardinal de Vienne du côté des créationnistes qui défendent le « dessein intelligent » comme une alternative à la théorie de l'évolution.

Une mise au point officielle de l'Eglise devenait souhaitable.

Benoit XVI lorsqu'il était enseignant en théologie, avait l'habitude de réunir un certain nombre de ses étudiants pour des journées de réflexion sur des thèmes spécifiques. On nommait cela le « Schülerkreis ». Devenu pape il ne perdit pas cette habitude, pour autant que ses occupations lui en laissassent le loisir. C'est ainsi qu'en septembre 2006, il réunit un certain nombre de ses anciens élèves à sa résidence d'été de Castelgondolfo pour écouter des conférences et réfléchir sur le thème « création et évolution ». Il y eut deux journées de réflexion. Le Saint Père participa personnellement à la deuxième journée.

[136] P. 68 du *Catéchisme de L'Eglise Catholique,* Plon, 1992

Le compte-rendu de ces deux journées de réflexion a fait l'objet d'un ouvrage, paru d'abord en allemand et italien (en 2007) puis en français (en 2009). Il est préfacé par le cardinal Schönborn.

On peut dire que cet ouvrage fait le point de la position actuelle de l'Eglise Catholique romaine, approuvée par son plus haut niveau.

Qu'y trouve-t-on ?

Tout d'abord, la question de la durée de la création biblique, à savoir 6 jours, est écartée par le cardinal Schönborn lui-même, d'un revers de manche : *« La position créationniste se fonde sur une interprétation de la Bible que L'Eglise catholique ne partage pas. La première page de la Bible n'est pas un traité cosmologique sur l'apparition du monde en six jours solaires. La Bible ne nous enseigne pas: how the heavens go, but how to go to the heaven*[137].

C'est net et sans bavure, les six jours ont vécu.

Maintenant, passons au fond : quatre éléments principaux.

1°) La science doit suivre son chemin. Ce n'est pas l'objet de la religion ou de l'Eglise d'interférer dans sa démarche. Cela ne veut pas dire qu'il convient de s'en désintéresser. Il n'est pas interdit à des religieux de faire des études scientifiques (c'est même, dans certains cas, recommandé). L'Eglise se doit de connaître les résultats des recherches faites par les scientifiques et ne pas hésiter à les prendre en compte dans sa propre réflexion théologique.

Cette considération souligne l'indépendance de la démarche scientifique, mais ne signifie pas que science et religion n'ont rien à faire ensemble. Le célèbre paléontologue Stephen Jay Gould, dans une théorie

---

[137]. Non pas « comment fonctionne le ciel, mais comment aller au ciel » *Op.cit.* p. 106.

nommée « concordisme » avait tiré la conséquence extrême que théologie et évolutionnisme ne peuvent jamais entrer en conflit, car les deux disciplines évoluent dans des sphères totalement distinctes.[138]

Cette vision extrémiste rappelle un peu les théories marxistes exprimées dans les années 1970 (il y a deux conceptions distinctes du monde et deux seulement : le marxisme et le christianisme). Gould, nourri de marxisme y pensait-il ?

Ce qui est sûr c'est que cette position extrême est considérée comme non défendable.

Il faut qu'il y ait des « recoupements » entre théologie et sciences physiques et naturelles, entre religion, philosophie et recherche. La foi en un créateur ne peut pas subsister sans points de contact avec la recherche concrète sur le monde. Il est d'ailleurs vrai que toutes les variantes de l'évolutionnisme ne sont pas aussi aisément conciliables avec la foi en la création.

Un exemple de cette position est cité aussitôt. Le darwinisme strict soutient que les mutations et la sélection naturelle seraient une explication suffisante pour l'apparition de nouvelles formes de vie. Si la mutation et la sélection suffisent pour expliquer ces apparitions, il n'y a aucune raison pour qu'une matière aveugle ne puisse pas être la première origine de la vie ; une thèse qui n'est pas conciliable avec la théorie chrétienne de la création.[139]

De la même manière ce que certains biologistes appellent « capacité d'auto-organisation des systèmes complexes » ; qu'est-ce que cela veut dire ?[140] C'est certes une façon de nier le fait d'un créateur, mais qui met quand même en place une capacité de création.

---

[138] *Op.cit.* p. 106.
[139] *Id.* p. 108.
[140] *Id.* p. 94.

Quoi qu'il en soit, l'Eglise ayant opté pour la priorité de la raison, le christianisme reste une vision rationnelle et la théorie de l'évolution doit être analysée et interprétée avec les outils de la raison.

2°) La place de la science et de la méthode scientifique étant ainsi bien reconnue, le principe de l'évolution qui est la théorie scientifique actuelle la plus admise par les scientifiques doit être également admise par l'Eglise. Si cette théorie évolue, et bien il faudra suivre. La science observe et met en évidence des lois naturelles, au niveau de la physique, des mécanismes naturels et au niveau de la biologie : dont acte.

Certes, il y a prééminence du scientifique dans ce domaine, mais il paraît clair, à la lecture des débats, que certaines approches scientifiques, ou théories sont plus appréciées que d'autres.

Le cas le plus marquant semble être celui de la progressivité de l'évolution. Darwin insistait pour souligner que celle-ci n'intervient que par une succession de très petites mutations ou micromutations. Comme rappelé précédemment, il semble admis aujourd'hui que des mutations plus importantes ou macromutation ne sont pas rares, voire majoritaires. La nature progresserait plutôt par saltation. Il semble bien, dans le compte-rendu du séminaire, que cela convienne mieux à une approche religieuse, car il est plus facile d'y voir un signe de création.[141] Mais il est clair que ce n'est pas une demande de la foi. C'est une observation scientifique qui facilite l'approche religieuse.

3°) Tout ceci étant clairement précisé, il est souligné avec insistance que, dans la théorie scientifique de l'évolution, il y a un facteur qui joue un rôle fondamental et qui n'est en rien scientifique. On le trouve dans la littérature grand public comme dans la bouche de certains

---

[141] *Id.* p. 186.

scientifiques sous le nom de nature : la nature fait ceci ou la nature fait cela. Qu'est-ce que la nature ?

Ce même terme se retrouve aussi sous un autre vocable qui semble plus sérieux : le hasard ou l'aléa. La mutation génétique est aléatoire. Le hasard fait se rencontrer deux circonstances dont la complémentarité est créatrice, etc. Il est certain que la mutation génétique étant un pilier de l'évolution, l'expliquer par le hasard éveille bien des questions. Le hasard est-il un paramètre scientifique ? Certains l'ont théorisé. On songe, évidemment, au livre du professeur Jacques Monod, paru en 1970 intitulé : *Le hasard et la nécessité*, par référence à une citation attribuée à Démocrite : *« Tout ce qui existe dans l'univers est le fruit du hasard et de la nécessité. »*

Evidemment ce terme de hasard ou de variation aléatoire ouvre la porte à bien des possibilités. On rapporte parfois qu'Einstein aurait dit : « Le hasard, c'est le déguisement que Dieu prend lorsqu'il veut passer incognito. »

Derrière ce terme, est-il possible d'installer une volonté d'un niveau supérieur ? Est-ce le moyen que Dieu prend pour manifester sa capacité créatrice tout au cours de l'évolution ? Si on accepte le principe que Dieu crée le monde - ce qui est toujours le dogme de la foi chrétienne - et que cela prend un certain temps, comment cette intervention continue se manifeste-t-elle ? Puisqu'il est admis que la création du monde ne s'est pas faite en six jours, mais sur une longue durée (à l'échelle humaine, mais non bien sûr à l'échelle de Dieu qui est éternel), le hasard serait-il la marque de l'intervention créatrice régulière de Dieu depuis l'origine du monde afin de le façonner tel que nous le voyons maintenant ?

Aucune réponse précise n'est évidemment apportée lors de ce séminaire, sur un tel sujet aussi sensible. Mais il est clair qu'il y a une piste de réflexion qui doit être explorée et dont l'importance est de premier plan. Dans quelle mesure ce qualificatif de hasard est, ou serait, la manifestation créatrice de Dieu.

Cette réflexion est complexe. Elle est d'autant moins aisée que certains se sont déjà engouffrés dans cette brèche, mais dans un but très clair qui est de remettre en cause le principe de l'évolutionnisme lui-même. Or ce n'est pas l'objet de la réflexion de l'Eglise Catholique que de remettre en cause une théorie qu'elle accepte par ailleurs, du moins tant que les scientifiques l'acceptent eux-mêmes. On se retrouve dans la situation d'un mélange très délicat entre une réflexion théorique d'une haute spiritualité d'une part et des actions de propagande pour une doctrine opposée d'autre part.

4°) Si on élève le débat d'un cran au-dessus, on se retrouve dans la situation où la science ayant travaillé dans son domaine propre, il convient que ses résultats soient intégrés dans un débat de plus haut niveau à caractère philosophique et/ou théologique. Si la religion met sa foi en un dieu créateur, *« l'évolutionnisme ne peut pas non plus prétendre prouver qu'il n'existe pas de Dieu planificateur dont l'esprit est à l'origine de la nature et de son évolution. »*[142] On dépasse nettement le niveau de la science.

Et, de fait, il y a actuellement une faiblesse de la théologie de la création dans l'Eglise. Le pape Benoit XVI est l'un des rares théologiens de renom à avoir rappelé ces lacunes. Il y a besoin d'une véritable théologie de la création d'un haut niveau intellectuel qui soit sur un pied d'égalité avec les sciences.[143]

Le pape lui-même conclut ces deux jours en revenant sur cette question d'une réflexion qui dépasse l'aspect purement scientifique pour arriver à la métaphysique, par

---

[142] *Id.* p.113.
[143] *Id.* p. 170.

l'expression de cette demande : « *il me semble important de souligner que La théorie de l'évolution implique des questions qui relèvent forcément de la philosophie et à partir desquelles on dépasse les limites inhérentes aux sciences physiques et naturelles.* »[144]

La messe est dite.

---

[144] *Id.* p. 193.

21 – Une nouvelle querelle

L'Eglise catholique romaine est habituellement considérée, souvent à juste raison, comme une institution pesante qui ne peut avancer dans sa réflexion qu'avec lenteur et, par voie de conséquence, qu'avec un certain retard par rapport à l'évolution des pensées, des idées et des mœurs de la société dans laquelle elle vit. L'exemple le plus traditionnel souvent donné (même s'il est un peu déformé) est celui de Galilée obligé de se rétracter sur une question scientifique pour laquelle l'avenir lui donnera raison.

Cette critique est fondée, mais la cause de cette lenteur a une contrepartie positive. Lorsque face à une évolution des idées et/ou des connaissances, l'Eglise après un temps d'échanges internes et de réflexions (parfois long, on peut en convenir) a pris une position, son centralisme implique qu'il lui sera difficile de revenir en arrière, sauf exception rare. Un point de doctrine accepté par le pape lui-même devient une base pour l'ensemble de la communauté des croyants, car il n'a pas été adopté à la légère.

Dans ces conditions, lorsque l'Eglise, sur le sujet qui nous occupe prend une position en reconnaissant la valeur de la science, l'intérêt de la théorie évolutionniste, la frontière entre foi et science, ainsi que la zone de rencontre des deux types de pensée, cette position est un acquis pour longtemps. On pourrait regretter que l'acceptation de la haute antiquité de l'homme ainsi que sa création par évolution lente ait été un peu longue à admettre, mais, maintenant que c'est fait de manière claire, il y a fort à parier que cette position ne changera pas facilement, sauf à ce que la science évolue dans le futur vers d'autres positions induites par des connaissances nouvelles.

On peut donc considérer le débat science versus religion comme clos avec l'Eglise catholique romaine. Les discussions se poursuivront sur le fond, mais non plus uniquement sur une condamnation de principe.

Malheureusement, la plupart des autres religions du Livre : chrétiens réformés, juifs et musulmans n'ont pas cette structure centralisée. En dehors de l'Eglise anglicane qui a un chef unique, dans les autres cas, ce sont des pasteurs, imams ou rabbins qui chacun individuellement peuvent se permettre d'énoncer leurs propres interprétations de points de doctrine théologique. Certes il y a des lieux de concertation, mais nullement un lieu de décision unique.

La conséquence en est que sur un point de doctrine particulier, aucune position ne peut être considérée comme définitivement acquise. Même si un consensus large apparaît à un moment donné du temps, il est toujours possible qu'une personne ou un groupe, un peu plus fondamentaliste que d'autres, décide quelque part qu'il faut revoir telle ou telle position. Et un débat redémarre, tel que, parfois, il s'était déroulé quelques décennies ou siècles auparavant.

C'est exactement le cas de ce qui est en train de se passer au niveau du débat « création – évolution ». Après un siècle de recherches, la science et l'Eglise catholique se sont retrouvées. Par contre, chez certains groupes réformés, au moment où la théorie Darwinienne commence à faire consensus avec les catholiques romains, des personnes ou groupes religieux la contestent et même fortement.

Le mouvement a démarré aux Etats-Unis dans les années 20. Des groupes protestants fondent leur position en soulignant que seule la Bible permet de savoir comment s'est passée la création du monde. Dieu a créé l'univers en 6 jours et le monde a environ 6 à 7 000 ans.

La forme la plus caractéristique et sans doute la plus extrême de l'expression de cette tendance est représentée par le fameux Ku Klux Kan du Sud. Les adhérents du KKK refusent tout principe d'évolution et curieusement, dans le même temps, utilisent le principe de sélection naturelle darwinien pour justifier le racisme.

Dans des formes plus officielles, cette position amène à affirmer que la théorie de l'évolution n'est qu'une théorie et qu'il serait inique de l'enseigner dans les écoles. Ou, à minima, on ne devrait l'enseigner que comme une hypothèse venant contrebalancer la vérité biblique. Ce mouvement a connu un tel succès que plusieurs Etats ont voté des lois obligeant l'enseignement à aller dans ce sens et à traiter à parts égales, dans les manuels et les cours, la Genèse de la Bible et la théorie de l'Evolution. Naturellement des recours juridiques ont été déposés et des procédures ont été menées jusqu'à la Cour Suprême, mais ce mouvement d'opinion demeure et, aujourd'hui, a plutôt tendance à se développer qu'à diminuer.

En 1925, un professeur de biologie du Tennessee, John Scope, a été condamné pour avoir enfreint la loi Butler interdisant l'enseignement de la théorie de l'évolution. Malgré cette sanction, les débats ont eu pour conséquences que cette loi ne sera plus appliquée dans l'Etat. Modeste succès.

En 1926, le Mississipi, puis en 1928, L'Arkansas interdisent l'enseignement de l'évolution.

En 1968, la Cour Suprême des Etats-Unis invalide l'interdiction prise par l'Arkansas. Cet état dépose, en 1981, une loi obligeant d'enseigner la science de la création au même titre que celle de l'évolution dans les *public schools*. Un jugement fédéral déclare, en 1982, cette tentative inconstitutionnelle.

En 1987, les thèses créationnistes sont interdites d'enseignement par la Cour Suprême au motif qu'elles relèvent de la religion et non de la science.

Vers cette époque, la notion de créationnisme pure perd un peu de son attrait. Ou plutôt elle paraît difficile à défendre sous cette forme.

La réaction est que ses défenseurs ont décidé de reprendre leur argumentation, non plus uniquement en arguant du texte biblique, mais en s'appuyant sur les développements des sciences de la vie qui montrent l'extrême complexité du vivant. La position devient alors de souligner qu'une telle complexité ne peut être le fruit du hasard, mais forcément le résultat d'une œuvre supérieure créatrice ; ce qu'ils ont baptisé : « dessein intelligent ». A partir de ce terme, il devient possible d'utiliser des arguments dit « scientifiques » pour démontrer que la création n'est pas le fruit du hasard et sûrement pas celui d'une évolution. L'homme vient de l'homme, comme le singe vient du singe. Certes, les arguments de qualité médiocre ne manquent pas. Témoin, cette affirmation par laquelle, en 1968, le révérend S Taylor annonçait qu'il avait découvert au Texas des traces de pas humains au milieu de traces de dinosaures, preuve évidente de la contemporanéité des deux espèces. Un film et des publications suivirent. En 1983, sur le même site, un biologiste, Glen Kublan découvrait des traces allongées semblables aux traces humaines, mais sur lesquelles apparaissaient les trois doigts caractéristiques des sauriens. En 1985 le film sur les traces est alors déclaré indisponible.[145]

En 2005, le conseil de l'enseignement du Kansas vote pour que les thèses alternatives à l'évolutionnisme soient

---

[145] « Les faux-pas du créationnisme », *La Recherche,* n°180 septembre 1986.

enseignées dans les écoles. Bien sûr, le « dessein intelligent » est présenté comme l'alternative.

La même année 2005, Dover, une petite ville de Pennsylvanie faisait la une des journaux pour un procès intenté contre le conseil d'enseignement qui imposait que soit enseigné le dessin intelligent (donc succédané du créationnisme) en plus de l'évolutionnisme. Les débats ont été houleux entre créationnistes et évolutionnistes. Le procès fût finalement gagné par l'accusation, car, entre-temps, des élections avaient porté au conseil une majorité d'élus évolutionnistes (comme quoi la politique mène à tout !). Le juge fédéral qui avait présidé le procès, John E Jones, y avait déclaré : *« Notre conclusion aujourd'hui est qu'il est anticonstitutionnel d'enseigner le dessin intelligent en tant qu'autre voie que celle de l'évolution dans les écoles publiques. Puisque la théorie du dessein intelligent n'est appuyée par aucune publication ni aucune donnée validée par les pairs, la science la rejette, au profit de preuves empiriques... nous considérons que le dessein intelligent repose sur les mêmes arguments que la science créationniste des années 1980. »*

L'ensemble des arguments des défenseurs de l'évolutionnisme repose sur le fondement juridique du premier amendement à la Constitution des Etats-Unis qui garantit la liberté de culte et la non-ingérence de l'Etat dans les affaires religieuses.[146]

L'important pour ses défenseurs est qu'avec la notion de dessein intelligent, en s'affichant comme une science et non plus comme un simple acte de croyance religieuse, le créationnisme puisse s'affranchir des contraintes du premier amendement à la constitution américaine, sur le plan légal. Pourtant, la décision de 1987, citée plus haut,

---

[146] Une bonne synthèse des démêlées juridiques aux Etats-Unis est donnée dans le dossier spécial de *la Recherche*, « Dieu menace-t-il Darwin ? » avril 2006, n° 396.

soulignait déjà que cette interprétation n'est qu'une religion camouflée, qui promeut une interprétation des textes sacrés, n'ayant l'agrément ni de toutes les tendances protestantes, ni des catholiques ni des autorités israélites.

Même si la bataille juridique de Dover a été perdue pour les créationnistes, ceux-ci ne renoncent pas. Le mouvement dit « créationniste » a continué à prendre de l'ampleur et à faire tache d'huile hors des Etats-Unis (Australie puis Europe).[147]

Il n'est pas de notre propos de raconter ce développement, mais de souligner qu'il ne s'agit pas que d'un épiphénomène. Dans un premier temps, encouragés par Ronald Reagan lui-même, les tenants de la *« moral majority »* redéposent des lois antiévolutionnistes dans les Etats. Une douzaine d'Etats sont concernés. Lors des élections nationales en 2012, aux Etats-Unis, certains candidats républicains ne se sont pas fait faute de souligner leur attachement aux thèses créationnistes pour récupérer des voix. Tod Akin, candidat dans le Missouri, en fait partie. Le fondamentalisme chrétien fait recette en politique aux USA.

Indépendamment des fondamentalistes protestants, le créationnisme fait également son apparition là où on ne l'attendait plus ; chez les musulmans. Rappelons ce qui avait été indiqué dans le chapitre 5. La durée de la création ne pouvait faire problème au sein de l'Islam, puisque la durée du jour, définie par le Coran, était elle-même incertaine, mais longue (plusieurs milliers d'années). Effectivement, ce n'est pas tant sur l'ancienneté de la terre que le débat réapparaît, ni même vraiment sur le principe d'évolution des animaux, mais bien plutôt sur l'application

---

[147] Pour avoir une vue d'ensemble des mouvements créationnistes existant par le monde on peut se référer à l'ouvrage de Jacques Arnould : *Dieu versus Darwin : Les créationnistes vont-ils triompher de la science ?* Paru en français chez Albin Michel, 2009.

de ce principe à l'homme. Qu'un saurien soit devenu oiseau est envisageable, mais que l'homme ait pu, primitivement, être singe, cela ne l'est plus du tout.

En fait, dans les pays islamiques, le débat se pose différemment. La notion d'évolution est généralement synonyme d'athéisme ou de matérialisme et pour cela s'oppose, par principe, à la religion. Selon la première étude statistique d'opinion faite en 2007 sur ce sujet, dans les pays musulmans, en moyenne 60% de la population pense que la théorie de l'évolution est fausse.

Un prédicateur turc, Adnan Oktar (se faisant connaître sous le nom, de Harun Yahya) envoie systématiquement dans les écoles occidentales un atlas de la création. Typiquement, il utilise des figures de fossiles pour montrer la similitude avec les formes actuelles et donc tenter de prouver la stabilité des formes vivantes depuis la création. Très ouvertement il se place sous le sceau de la religion et, afin de bien montrer son inspiration, il a choisi son surnom placé sous le double patronyme d'Aaron et de Jean, comme l'annonce son livre : deux prophètes estimés.

Il ne se cache pas de défendre d'abord la vérité coranique : « *dans tous les livres de l'auteur, les questions liées à la foi sont expliquées à la lumière des versets coraniques* » lit-on sur la première page. L'introduction de l'auteur souligne que la science n'en est pas une : « *Dans quasi toutes les écoles du monde, les manuels de biologie utilisés à des fins pédagogiques rapportent une histoire de la vie fausse. Les étudiants apprennent sous le titre de la théorie de l'évolution, en réalité, des mécanismes totalement déficients, des preuves falsifiées, des illustrations et des croquis conjecturaux, des fossiles mal-interprétés et une histoire des êtres vivants fallacieuse... Le fait est qu'un effort déterminé est fait pour imposer ce mensonge au public et le répandre dans le monde. »*[148] (extrait de son introduction).

Des personnes privées continuent de recevoir ce livre gratuitement dans leur boîte aux lettres. D'où vient l'argent ?

Cette position de principe est très claire. Elle est parfaitement représentative de la position des créationnistes ou des partisans du dessein intelligent. Mais dans sa façon de s'exprimer, elle porte en elle la contradiction qui montre à quel point il est facile de la différencier de la position catholique romaine qui soutient l'évolution tout en croyant au dieu créateur. Elle adhère à l'évolutionnisme tant que les scientifiques n'auront pas trouvé mieux, selon eux.

La nuance entre les deux positions religieuses, et elle est de taille, est que l'église catholique a choisi de réfléchir sur la conséquence sur sa foi des recherches scientifiques, alors que la position créationniste est de nier la vérité de la science. Et pourtant, les deux croient au créateur !

La conséquence pratique est qu'au moment où la science est réconciliée avec l'Eglise qu'elle a considérée comme un ennemi potentiel durant des siècles, cette dernière devient son alliée dans une lutte qu'elle n'attendait plus, par laquelle des croyants, pour des raisons religieuses, dénient toute valeur à cette science. Ce danger est bien réel pour la science, car si, par le passé, l'Eglise pouvait être considérée comme s'appuyant sur le pouvoir temporel des Etats pour la combattre, aujourd'hui, les créationnistes s'appuient certainement sur une capacité financière réelle. On ne diffuse pas des milliers d'exemplaires d'un ouvrage riche en illustration sans avoir un soutien financier fort. Les milieux

---

[148] Adran Oktar : *Comment les fossiles ont renversé l'évolution Des centaines de millions de preuves réfutent le darwinisme,* Edition Arastirma, pp. 12-13.

protestants américains disposent aussi certainement de solides réserves.

Résultat : on sent bien que les milieux scientifiques commencent à s'inquiéter sérieusement, et probablement à juste titre. Cette inquiétude, sensible, amène, dans certains cas à radicaliser les positions ; ce qui ne facilitera pas le dialogue. Le célèbre physicien Hawkins déclare sans ambages, qu'il n'a pas besoin de Dieu pour expliquer la création. Richard Dawkins, que certains classent parmi les athées militants, comme Jacques Monod du reste, publie *L'horloger aveugle*[149]*,* lointaine référence à Voltaire.

La revue française *La recherche*, considérée comme sérieuse, dans son numéro de décembre 2010, dans lequel plusieurs articles sont dédiés à cette question du rapport entre dieu et la science, se croit obligée en couverture d'affirmer en sous-titre : « Pourquoi la religion est inutile pour explique l'Univers » ; alors même que ce n'est pas le sujet des articles qui composent ce numéro. Signe clair de nervosité.

De nombreuses revues grands public, comme *le Point* par exemple, reviennent régulièrement sur ce thème pour présenter des points de vue de « scientifiques » ou de philosophes ». Dans une période de retour de la religiosité, sous toutes ses formes, la crainte de voir cette tendance venir détruire les acquis du « progrès », là où on ne l'attendait plus, est patente.

Heureusement certains sont parfaitement conscients qu'il n'y a pas de guerre nécessaire entre les deux notions. Jacques Arnould, dominicain, donne à la fin de son livre[150] sa position de croyant : Dieu et Darwin, au lieu de Dieu contre Darwin. De son côté Véronique le Ru[151] souligne

---

[149] Richard Dawkins, *l'horloger aveugle,* Robert, Laffont, 1989.
[150] Jacques Arnould, *Dieu versus Darwin*, Albin Michel, 2009.
[151] Véronique Le Ru, *La science et Dieu,* Vuibert, 2010.

que libéré de Dieu et de toute vision finaliste, la science a cependant besoin de principes métaphysiques.

Si l'on devait résumer le débat, en simplifiant à outrance, on pourrait dire que le point réel de discussion porte sur le fait de savoir ce que signifie la notion de hasard. Doit-on voir derrière une volonté créatrice ou non ? C'est là où se sépare une vision du croyant d'une vision d'athée. Cette séparation n'a finalement que peu d'importance du point de vue de la science elle-même, mais elle peut constituer un pilier fort pour l'un comme pour l'autre.

22 – Et alors ?

Et alors ? Que dire de cette longue évolution qui n'est qu'une longue suite de tâtonnements ? Que faire parler ensemble des gens qui n'ont pas les mêmes intérêts ou approches du monde qui les entoure est bien difficile ? Et pourtant, au cours de toute cette histoire, religion et science s'apportent un appui mutuel même s'il est bien difficile aux uns et aux autres de le reconnaître.

Dans un premier temps, la religion prétend expliquer, sans vraiment convaincre. Le plus marquant au cours de l'antiquité classique est que, la religion, qui pourtant est présente partout, dans chaque geste de la vie quotidienne ou politique, ne convainc pas. Elle ne cherche, du reste pas à s'appuyer sur la croyance intime de chacun. C'est un cérémonial ou une liturgie que l'on se doit d'observer, scrupuleusement. Peu importe ce que l'on pense réellement. En outre, elle n'apporte aucune réponse convaincante aux questions essentielles de base de la vie. Comment le monde s'est-il constitué ? Que se passe-t-il après la mort ? Rien ou quelque chose ? Raison pour laquelle les religions antiques sont souvent ouvertes à la recherche de nouveaux dieux, pour autant qu'ils ne bouleversent pas l'ordre politique et social existant.

Ce manque de réponse incite la petite fraction de citoyens aisés et instruits à chercher des réponses ailleurs. Dans la raison pure. Ce que l'on appelle communément la Philosophie. Ce faisant, ils élaborent des outils théoriques d'aide au raisonnement qui s'appuient uniquement sur la logique humaine. Cette approche n'apporte pas pour autant de réponses claires aux grandes questions. La principale philosophie des Romains est le stoïcisme qui n'est qu'une façon de supporter avec courage ce que l'on ne peut ni comprendre ni éviter. Mais les outils de logique apparaissent.

La religion judaïque reprise par le christianisme apporte, elle, une réponse claire et compréhensible par chacun du plus lettré au plus humble. Elle nécessite la foi, la croyance. On peut ne pas l'avoir, mais on ne peut pas ne pas comprendre et celui qui l'a détient une vision de l'origine et de l'aboutissement parfaitement claire.

C'est à ce moment que Philon d'Alexandrie souligne que la Bible quoique parlant d'une réalité historique vaut avant tout par les vérités intemporelles qui y sont placées. Il y a donc lieu d'interpréter le texte saint pas seulement de manière littérale, mais aussi en y lisant les symboles et les métaphores. La création du monde en est l'exemple type. La notion des six jours qu'il a fallu à Dieu pour créer le monde tel qu'il est doit être vue comme le symbole de la progression de l'œuvre et non comme une valeur absolue.

La réussite du christianisme dans les premiers siècles de notre ère aurait pu, parce que justement elle est basée sur la foi et non sur la raison, emporter avec elle l'existence même du raisonnement pur et des outils théoriques façonnés au cours de l'antiquité classique. La question s'est posée de manière bien réelle. Il se trouve que, grâce principalement à Saint Augustin, le christianisme a, non pas rejeté, mais intégré, la méthode et les outils de la philosophie classique. Elle est devenue une religion rationnelle.

Mieux, elle a, non seulement intégré ces outils, mais durant tout le Moyen-Age, elle les a utilisés à son profit pour analyser la parole divine, telle que transcrite dans les Ecritures. La théologie a été un extraordinaire champ d'entraînement à la manipulation des concepts et des modes de raisonnement que l'on appellera plus tard « scientifiques ». Contrairement à certaines idées reçues, cela n'a pas empêché certains clercs de réfléchir à la nature, au-delà des Ecritures. Portion congrue certes, mais dont l'existence n'est pas neutre.

A partir du XIIIème siècle, cette aptitude développée à réfléchir en limite, puis en dehors de la doctrine officielle, entraîne une réaction de l'Eglise à l'égard de certains mouvements schismatiques qui mettent alors en cause directement son autorité.

Il est trop tard. Cette réaction n'arrête pas le mouvement. La Renaissance se caractérise du point de vue de la pensée par le moment où l'homme cesse d'écouter uniquement la parole de Dieu, pour regarder la nature qui l'entoure. Pour étudier celle-ci, il dispose des concepts nécessaires dont il sait se servir. Il lui faut au moins deux siècles pour les utiliser utilement et commencer à percevoir des éléments d'explication au sens moderne du terme.

Dans le même temps, assez curieusement, et comme conséquence secondaire de la Réforme, le christianisme se fige dans une interprétation parfaitement littérale de la Bible pour en conclure que le monde ne peut avoir que 4 à 6 000 ans au début de notre ère. Et ceci pour des raisons religieuses, mais aussi arithmétiques, donc rationnelles. Il attaque donc la science naissante, sur son propre terrain.

Lorsque la science utilisant les mêmes outils, mais en les appliquant non plus à la parole de Dieu, mais à l'observation de la nature arrive à la conclusion que le monde est sans doute beaucoup plus ancien, le conflit semble donc inéluctable. Il fut bien réel, mais a sans doute été un peu surestimé. En tout cas, il se joue autant entre les scientifiques et les hommes d'Eglise que dans la tête même des scientifiques.

Il a fallu attendre le milieu du XIXème pour que la bataille semble gagnée par les scientifiques. Alors que ceux-ci parlaient déjà de millions d'années, de vénérables histoires du monde la réduisaient encore à quelques milliers au maximum.

Effectivement, durant plusieurs décennies on a assisté à un trouble dans la pensée théologique. La notion d'Evolution, surtout après que Darwin l'eut appliqué à l'homme, ne semblait guère compatible avec une lecture purement littérale de la Bible.

Et puis, progressivement, la pensée théologique a évolué pour prendre en compte le fait scientifique dans ses propres analyses. Sous le pontificat de Benoit XVI, cette lente évolution est achevée. Le fait scientifique est très officiellement admis et la théorie de l'Evolution est acceptée, parce que, et tant que, les scientifiques la considèrent comme la plus consensuelle. L'Eglise n'a pas à critiquer la science, mais elle doit intégrer les résultats de celle-ci dans sa pensée théologique et philosophique.

Dans ces conditions, le débat est un peu renouvelé. Le fait que la terre sur laquelle nous vivons ait évolué sur 4,5 milliards d'années pour arriver à l'homme tel que nous le connaissons efface-t-il le fait créateur par Dieu, ou change-t-il seulement le processus de la création divine ?

Il y a d'un côté les athées professionnels qui voient dans chaque étape évolutive la marque du hasard. Mais le hasard est-il vraiment une notion parfaitement scientifique ? On peut faire des calculs pour savoir quelle est la probabilité pour qu'un hasard particulier se produise, mais cela ne donne pas pour autant la connaissance des causes du fait « hasard ».

Certains remarquent que pour arriver à l'homme actuel il a fallu que ces hasards successifs passent par un « corridor » extrêmement étroit par rapport à la masse des possibles.

A partir du moment où L'Eglise catholique intègre la notion d'Evolution dans la création du monde, ne peut-elle considérer le hasard comme cette marque particulière de Dieu dans son œuvre progressive de création ? Elle relève notamment cette notion de « corridor » étroit du possible comme un sujet devant être médité au regard de la foi.

La science elle-même reste perplexe.

Lors du Big Bang, la masse de quarks chauffés à quelques milliers de milliards de degrés est projetée par une énorme explosion. Chacun d'entre eux, compte tenu de la direction et de la force de sa projection initiale, peut se combiner avec d'autres. La résultante de ces forces permet que se constituent les premiers amas stellaires. Si on peut admettre que ce premier résultat n'est bien que la résultante des forces initiales, il n'y a pas de place pour le hasard.

Mais quand on arrive à un degré de complexité plus grand, après apparition de la vie, notamment, que peut-on dire sur l'existence du hasard ?

C'est peut-être le lieu ici de mentionner une remarque de Christian de Duve.

Christian de Duve, prix Nobel de médecine en 1976 et professeur à l'université Rockfeller à New York, donne, en 2005 une interview[152] dans laquelle il apporte un avis intelligemment équilibré sur cette notion clé de hasard. « *Je fais tout de même remarquer que le hasard s'exerce dans un cadre de plus en plus contraignant, plus contraignant que l'on ne le croit généralement... Si on considère un génome, le nombre de mutations ponctuelles possibles est fini. Ce (nombre)... n'est pas seulement fini, c'est un nombre relativement petit par rapport au nombre d'individus qui participent au jeu darwinien, et par rapport au temps sur lequel il se joue. Quand on examine cet aspect quantitatif, on arrive à la conclusion que loin*

[152] *Les dossiers de la Recherche,* n° 19 mai juillet 2005, pp. 22-26.

d'être des phénomènes exceptionnels, à peu près toutes les mutations possibles se produisent effectivement. Le hasard joue, mais à l'intérieur de contraintes quantitatives telles que tous les numéros de la loterie ont une très bonne chance de sortir. »

Une telle position poussée à l'extrême signifierait qu'effectivement il peut y avoir une ligne directrice prédéfinie. On pourrait même reprendre la notion contestée de dessin intelligent en ajoutant : « à réalisation progressive. » Mais aussitôt se pose la question de la place du libre arbitre de l'homme. Chaque acte de l'homme n'est-il que la résultante des forces qui depuis le Big Bang ont inévitablement fait converger chaque particule en s'agrégeant d'une certaine manière pour donner le vivant actuel ? En quoi alors l'homme pourrait-il être doté du libre arbitre et donc rester maître de son destin, base du credo de la Rédemption chrétienne comme du Code pénal ?

On voit alors à quel point les deux domaines s'interpénètrent et en quoi l'approche des réflexions par la voie scientifique ou par la voie religieuse ne s'excluent pas l'une de l'autre.

Il est heureux qu'au moins sur ce point il y ait consensus possible.

Ce qui est sûr, c'est que l'interprétation philonienne de la Bible était la bonne. La lecture littérale du Livre ne suffit pas. Comme affirmée en 2007 par les plus hautes autorités du Vatican, la Bible n'est pas un traité cosmologique.

Il est dommage que le *De opificio mundi* de Philon d'Alexandrie n'ait pas eu plus de lecteurs. Les deux mille ans qui nous séparent de lui auraient alors au moins permis d'éviter la partie stérile de ces débats pour se concentrer sur le fond.

Sources

L'essentiel de la documentation rassemblée pour rédiger le présent essai vient d'un large dépouillement de la revue *La Recherche* des trente dernières années.

Celle-ci, d'une part rapporte régulièrement les avancées de la recherche telles que parues dans les revues scientifiques dites « à comité de lecture », comme *Nature* par exemple, d'autre part publie de nombreux articles de synthèse sur l'histoire des idées scientifiques.

Les références de chacun des articles utilisés sont indiquées en note de bas de page dans le corps du texte de chaque chapitre. Sauf exception pour des articles de fond, elles ne sont donc pas rappelées ci-dessous.

Trois ouvrages généraux sur les sciences naturelles et l'histoire de la science ont été utilisés :

- Purves (WK) Orfians (GH) Heller (HC) Sadava (D), *Le monde du vivant*, traduit de l'américain, Flammarion, 2000
- Maurice Daumas, *Histoire de la Science,* Pléiade, 1957.
- Pierre Rousseau, *Histoire de la Science*, Fayard, 1960.

Les ouvrages particuliers utilisés sur les sujets abordés au cours du texte sont listés ci-dessous. Ils sont classés dans l'ordre des chapitres auxquels ils se rapportent principalement.

- Hésiode, *La Théogonie*, Edition « Les belles lettres » 1947.
- Eliade (Mircea), *Histoire des croyances et des idées religieuses*, Tome I
Payot 1976.
- Ovide, *Les Métamorphoses*, GF Flammarion 2002.
- Finkelstein (Israël) et Silberman (Neil Asher), *La Bible dévoilée : les nouvelles révélations de l'archéologie,* trad. française, Bayard, 2002.
- Sand (S), *Comment est né le peuple Juif,* trad. Française Fayard, Paris, 2008.
- *L'Epopée de Gilgamesh, Le grand homme qui ne voulait pas mourir », t*raduit de l'Akkadien par Jean Bottero, NRF Gallimard, Paris, 1992.
- Hadas-Lebel (Mireille), *Philon d'Alexandrie, un penseur en Diaspora,* Paris, 2003.
- Philon d'Alexandrie, *De Opificio Mundi,* traduction et notes par Roger Arnaldez,
Editions du Cerf, Paris, 1961.
- Murphy-O'Connor (Jérome), *Histoire de Paul de Tarse*, Ed du cerf Paris, 2004.
- Ehrman (Bart), *Les christianismes disparus,* Ed originale Anglaise 2003, traduction française, Bayard, 2007.
- Meier (John P), *Un certain Juif Jésus Les données de l'histoire,* Ed originale anglaise 1991, version française éditions du CERF, 2006.
- *Les pères apostoliques*, Editions du Cerf, collection « Sagesse Chrétienne », 2011.

- Eusèbe de Césaré, *Histoire ecclésiastique,* introduction de François Richard, Editions du Cerf collection « Sagesse Chrétienne », 2003.

- Vigouroux (Fulcran), *La Cosmogonie Mosaïque d'après les pères de l'Eglise,* Dans « Mélanges bibliques », Paris, 1889.

- Haskins (Charles Homer), *The renaissance of the twelfth century,* Harvard University Press, 1928.

- Augustin et Alois de Backer, Notice sur Athanase Kircher dans : *Bibliothèque des écrivains de la compagnie de jésus,* Liège, 1853.

- Derham (William), *Théologie astronomique, ou démonstration de l'existence de Dieu par l'examen et la description des cieux,* Traduit de l'anglais Paris, 1732 (édition anglaise 1731).

- Buffon, *Les Epoques de la nature,* Edition critique présentée par Jacques Roger, Mémoires du Muséum national d'histoire naturelle, Sciences de la terre Tome 10, 1962, 2e édition 1988.

- Moreri (Louis), *Dictionnaire historique* « ou le mélange curieux de l'histoire sacrée et profane, qui contient en abrégé, les vies et les actions remarquables… » en dix volumes, 1683.

- Bossuet, *Discours sur l'histoire Universelle,* paru en 1681. L'édition utilisée est celle parue chez Hachette en 1886.

- Cuvier (Georges), *Discours sur les révolutions de la surface du globe,* 1815.

- Geoffroy Saint-Hilaire (Etienne), *Philosophie anatomique,* 1818.

- Etienne Geoffroy Saint Hilaire, *Principes de philosophie zoologique, discutés en mars 1830 au sein de l'Académie Royale des Sciences,* 1830.

- Piveteau (Jean) : « Le débat entre Cuvier et Geoffroy Saint-Hilaire sur l'unité de plan et de composition », in :

Revue d'histoire des sciences et de leurs applications, 1950, Tome 3 n°4. pp. 343-363.

- Leroi (Armand-Marie), *Mutants : on the form, variety and errors of the human body,* Londres, 2004.
- Leroi (Armand-Marie), « Le homard de Geoffroy Saint-Hilaire », in *la Recherche*, Décembre 2005, N° 392, pp 54-57.
- Cossmann et Pissaro, *Iconographie complète des coquilles fossiles de l'éocène des environs de Paris,* Paris, 1904-1906.
- Lamarck (Jean-Baptiste), *Recherches sur l'organisation des corps vivans,* 1802, Ouvrage numérisé à partir de l'exemplaire conservé à la Bibliothèque de l'Istituto e Museo di Storia della Scienza, Firenze, Italia, Site lamarck - www.lamarck.net".
- Erasme Darwin, *Zoonomia,* traduction française en français en 1810 sous le titre : *Zoonomie ou lois de la vie organique.*
- Charles Lyell, *Principes de géologie,* paru de 1830 à 1833.
- Darwin (Charles), *L'origine des espèces,* 1859.
- Darwin (Charles), *La descendance de l'homme et la sélection sexuelle,* 1871
- Darwin (Charles), *Voyage d'un naturaliste autour du monde* « fait à bord du navire le Beagle de 1831 à 1836 ».
- *Dans l'épaisseur du temps_« Archéologues et géologues inventent la préhistoire »,* Collection d'articles coordonnée par Arnaud Hurel et Noêl Coye, Publication scientifique du Muséum national d'Histoire naturelle, Paris, 2011.
- Richet (Pascal), *L'âge du Monde,* Paris, Seuil 1999.
- Hugo Hiltis, *Life of Mendel,* New York, 1932.

- Gould (Stephen ayJ) et Eldredge (Niles), *Punctuated equilibria: the tempo and mode of evolution reconsidered,* 1977.

- Leroi-Gourhan (André), sous la direction de, *Dictionnaire de la Préhistoire,* PUF, 1988, remis à jour en 2005.

- Leroi-Gourhan (André) et autres auteurs, *La Préhistoire*, PUF, édition de 1968.

- Leakey (Richard E), *La naissance de l'homme,* Editions du fanal, 1981 traduit de l'anglais *« the making of Mankind ».*

- Donald Johanson & Maitland Edey, *Lucy une jeune femme de 3 500 000 ans,* traduction française Robert Lafont, 1983. Titre original *Lucy the beginning of humankind* 1981.

- Catalogue de l'exposition : « origines de l'homme » et son introduction par le commissaire scientifique, Yves Coppens. Musée de l'Homme, Paris, 1976.

- Coppens (Yves), *Le singe, l'Afrique et l'homme*, Fayard, coll le Temps des Sciences, 1981.

- Coppens (Yves), *Le genou de Lucy,* Odile Jacob, 1999.

- Brunet (Michel), *D'Abel à Toumai,* Odile Jacob, 2006.

- Sykes (Brian), *les sept filles d'Eve, Génétique et histoire de nos origines*, Albin Michel, 2001.

- Monod (Jacques), *Le hasard et la nécessité*, Paris, 1970.

- Teilhard de Chardin (Pierre), *La place de l'homme dans la nature - Le groupe zoologique humain*, Paris, 1956.

- Dumoulin (Jean), *Introduction à Teilhard de Chardin,* opuscule édité en 1964 par le Centre Belge Teilhard de Chardin.

- Schönborn (Christoph), *Création et évolution : Une journée de réflexion avec Benoit XVI,* Edition originale 2007, traduction française Editions Parole et Silence 2009.

- Aucante (Vincent), *Nouvelle Revue Théologique* de juillet septembre 2008, « Création et Evolution, la pensée de benoit XVI », écrit à l'occasion de la sortie du livre mentionné ci-dessus. Elle est consultable sur internet à l'adresse suivante :
http://www.revue-resurrection.org/Creation-et-evolution-la-pensee-de

- *Dossier la Recherche*, « Dieu menace-t-il Darwin ? », avril 2006, n° 396.

- Arnould (Jacques), *Dieu versus Darwin : Les créationnistes vont-ils triompher de la science ?* Paru en français chez Albin Michel, 2009.

- Le Ru (véronique), *La science et Dieu,* Vuibert, 2010.

- Dawkins (Richard), *L'horloger aveugle,* 1986, trad. française Robert Laffont, 1989.

Table des matières

Sciences
aux éditions L'Harmattan

Dernières parutions

BAROMÈTRES, MACHINES PNEUMATIQUES ET THERMOMÈTRES
Chez et autour de Pascal, d'Amontons et de Réaumur
Locqueneux Robert
Cet ouvrage présente à la fois une histoire et une anthologie des travaux de quelques physiciens qui ont conçu et fabriqué des baromètres, des machines à vide et des thermomètres, instruments qui, en leur temps (XVIe et XVIIIe siècles), furent des inventions nouvelles. Les travaux de trois auteurs sont privilégiés : Pascal, Amontons et Réaumur avec une remise en contexte de leurs ouvrages, des événements qui les motivent, des travaux qui les inspirent, des questions qu'ils se posent et des phénomènes qu'ils veulent interpréter.
(Coll. Acteurs de la Science, 21.00 euros, 204 p.)
ISBN : 978-2-343-04995-3, ISBN EBOOK : 978-2-336-37182-5

MILLE ANS D'ASTRONOMIE ET DE GÉOPHYSIQUE
D'Aristote au haut Moyen Âge
De Felice Pierre
Le ciel et la terre sont observés depuis la plus haute antiquité. Ne disposant pas d'instruments de mesure appropriés, les hommes proposent des explications incluant l'action divine ou s'en affranchissant. D'Aristote (IVe siècle avant J.-C.) jusqu'à Isidore de Séville (VIe-VIIe siècles après J.-C.), les auteurs grec, latin, médiéval ont compilé et décrit les connaissances de leur temps sur les astres, les phénomènes atmosphériques et géophysiques en tentant de démythifier le monde qui les entoure. Ce livre illustre aussi le difficile processus de naissance de la connaissance.
(Coll. Acteurs de la Science, 14.00 euros, 128 p., Illustré en noir et blanc)
ISBN : 978-2-343-03816-2, ISBN EBOOK : 978-2-336-36544-2

CE MONDE QUI VIENT
Sciences, matérialisme et posthumanisme au XXIe siècle
Basquiat Jean-Paul - Préface de Paul Basquiat
Le monde qui vient sera ce que nous en ferons. Encore faut-il avoir le courage de regarder l'avenir en face. C'est à cet effort salutaire que cet opuscule invite le lecteur. Appuyé sur les recherches les plus pointues, il propose de décrypter sous tous ses aspects le monde nouveau porté par l'évolution des sciences et des techniques.
(Coll. Questions contemporaines, 10.00 euros, 66 p.)
ISBN : 978-2-343-05055-3, ISBN EBOOK : 978-2-336-36475-9

MANUEL DES PROBABILITÉS OU MATHÉMATIQUES DE L'INCERTAIN

Laloire Jean-Claude - Préface de Michel Delecroix

Ce manuel présente les aspects pratiques de l'analyse des données et les aspects théoriques des probabilités. Cela permet à la fois de comprendre les phénomènes observés, d'en déduire une prévision et ainsi de se projeter vers l'avenir avec un maximum de sécurité. Les méthodes proposées s'appliquent aussi bien aux sciences humaines qu'aux sciences biologiques et médicales et sont mises en pratique à l'aide de nombreux exercices corrigés.

(48.00 euros, 504 p.)

ISBN : 978-2-343-04627-3, ISBN EBOOK : 978-2-336-36043-0

VALEUR (LA) DE L'ESPÈCE

La biodiversité en questions

Lherminier Philippe

Philippe Lherminier est généticien; il propose de s'interroger sans faux-semblant sur la valeur de l'espèce. Que perd-on lorsqu'une espèce s'éteint ? Quelle valeur disparaît ? Il y a de multiples réponses : l'espèce vaut parce qu'elle est utile ou inutile, abondante ou rare, connue ou inconnue, ancienne ou récente, proche ou lointaine, ressemblante ou différente de l'homme, comprise ou mystérieuse.

(Coll. Acteurs de la Science, 13.50 euros, 128 p.)

ISBN : 978-2-343-04141-4, ISBN EBOOK : 978-2-336-35913-7

QUESTIONNEMENTS D'UN OCÉANOGRAPHE

Une immersion dans le monde de la recherche et les questions éthiques qu'elle soulève

Pichevin Thierry

Ce livre décrit de l'intérieur le travail de recherche en océanographie physique de Thierry Pichevin, son contexte, ses méthodes et ses enjeux procurant ainsi au lecteur une immersion dans le quotidien d'un chercheur. D'autre part, il procède à l'analyse éthique rigoureuse des questionnements rencontrés, tout en montrant que tout chercheur peut être confronté à des questionnements comparables.

(22.00 euros, 226 p.)

ISBN : 978-2-343-03444-7, ISBN EBOOK : 978-2-336-35786-7

À L'OMBRE DES FORÊTS

Usages, images et imaginaires de la forêt

Sous la direction de Philippe Billet, Claire Harpet et Jean-Philippe Pierron

Qu'est-ce qu'une forêt ? De quoi sont faites les forêts ? Nous construisons tous une image de la forêt empreinte de vécus et d'imaginaires, procédant d'une accumulation de souvenirs, de connaissances et de représentations médiatiques et institutionnelles. A l'aune d'une prise de conscience de la finitude des ressources naturelles et du changement climatique, il est fondamental de savoir ce que la «forêt» veut dire.

(Coll. Éthique, droit et développement durable, 26.00 euros, 248 p.)

ISBN : 978-2-343-02807-1, ISBN EBOOK : 978-2-336-35819-2

UN BOTANISTE AUTOUR DU MONDE
Afrique, Amérique, Australie
Delange Yves
L'auteur, botaniste, nous invite à la découverte des différents milieux naturels peu connus des Européens, notamment ceux encore peu altérés par la civilisation et caractéristiques de formations extrêmement riches sur le plan de la diversité biologique, tels que les mattorales ou hauts plateaux mexicains, le bush, le veld et le fynbos en Afrique australe, ou encore le mulga, le mallee et la jarrah forest australiens.
(Coll. Biologie, écologie, agronomie, 25.00 euros, 256 p.)
ISBN : 978-2-343-03492-8, ISBN EBOOK : 978-2-336-35415-6

VOYAGES D'UN BOTANISTE EN EURASIE
France, Scandinavie, Italie, Grèce, Japon, Inde, Cambodge
Delange Yves
L'auteur, botaniste, nous présente ici nombre d'espèces végétales, à travers ses récits de voyages, des pays du nord de l'Europe jusque dans la lointaine Asie, avec des séjours dans différents espaces méditerranéens. Il livre également de nombreuses informations recueillies au cours de rencontres avec différentes cultures, concernant les productions agricoles, l'alimentation, les traditions culinaires, mais aussi diverses spiritualités vouées aux cultes de la nature, en Inde et en Extrême-Orient.
(Coll. Biologie, écologie, agronomie, 21.50 euros, 224 p.)
ISBN : 978-2-343-03491-1, ISBN EBOOK : 978-2-336-35416-3

COELACANTHE (LE), UNE ESPÈCE ANIMALE À L'ÉPREUVE DES MÉDIAS
Barrère Florent
Le coelacanthe est l'objet de bien des fantasmes : affaire commerciale dans les îles Comores ; course au «spécimen» naturalisé dans les muséums ; étude anatomique dans le seul but de conforter l'hypothèse du «grand-père de l'Homme»... Devenu à ses dépens vedette médiatique, le coelacanthe s'extraira de ce marasme par un retour à son objet scientifique initial : dans les années quatre-vingt, le coelacanthe est enfin filmé dans son milieu naturel.
(Coll. Champs visuels, 20.00 euros, 192 p.)
ISBN : 978-2-296-99785-1, ISBN EBOOK : 978-2-296-53096-6

RÉSEAUX (LES) DE NEURONES DE LA CONSCIENCE
Approche multidisciplinaire du phénomène
Rollet Guy
Cet ouvrage vise à la compréhension de la conscience. Il apparaît que les neurosciences computationnelles apportent incontestablement des éléments décisifs. Un réseau de neurones original est conçu pour coder une conscience *stricto sensu*, capable de raisonnement et de prise de décision. Celle-ci peut être orientée par les émotions. La capacité d'agir, la composition du Soi et la verbalisation de la pensée peuvent alors être envisagées.
(Coll. Biologie, écologie, agronomie, 25.00 euros, 240 p.)
ISBN : 978-2-336-00597-3, ISBN EBOOK : 978-2-296-51375-4

SCIENCE (LA), SYMPTÔME DE L'OCCIDENT
Le «comment» des impasses de la recherche scientifique occidentale
Thiebert Lawrence
Et si les scientifiques avaient trop compliqué leur processus de démonstration ? Et si la démonstration, peu concluante, s'embourbait simplement parce qu'elle relève en vrai d'un raisonnement paralogique psychiatrique tel que celui que l'on rencontre dans le discours du paranoïaque, discours logique certes mais qui part d'un postulat faux ? Nous sous-entendons ici que cette hypothèse est fort probable.
(Coll. Pensée Africaine, 13.00 euros, 116 p.)
ISBN : 978-2-296-97025-0, ISBN EBOOK : 978-2-296-50278-9

CHERCHEURS, ÉTHIQUES ET SOCIÉTÉS
L'avenir de l'avenir
Patrice Thierry
Peu appréhendée par les décideurs, la biologie conditionnera nos sociétés, les rapports entre les hommes, entre eux et l'environnement. Le monde de la recherche est mal connu, parfois mal aimé ou craint. Il semble donc utile d'instituer un débat pour préciser les objectifs, les moyens, l'information et la vulgarisation, la propriété des résultats et l'appréhension des conséquences de la recherche en biologie.
(Coll. Ethique et pratique médicale, 31.00 euros, 298 p.)
ISBN : 978-2-296-57790-9, ISBN EBOOK : 978-2-296-50418-9

CAMILLE ARAMBOURG. UN PALÉONTOLOGUE, DE L'ALGÉRIE À L'AFRIQUE PROFONDE
Hadjouis Djillali - Préface de Yves Coppens
Depuis les plaines sahéliennes d'Oran à la Vallée de l'Omo en Éthiopie, en passant par les côtes du littoral atlantique, jusqu'au Moyen-Orient, Camille Arambourg aura fait connaître, au cours de ses recherches, non seulement les fossiles de l'Afrique mais également ceux des autres régions du monde. Ce livre retrace le parcours de cet homme qui identifia plus de 230 taxons (familles, genres, espèces) de mammifères et de poissons.
(Coll. Acteurs de la Science, 25.00 euros, 242 p.)
ISBN : 978-2-296-96391-7

SCIENCE (LA), CREUSET DE L'INHUMANITÉ
Décoloniser l'imaginaire occidental
Royer Jean-Marc
En 1610, Galilée promeut un mode de connaissance qui se veut une lecture mathématique de l'Univers. Face à lui, l'Église. Un long combat s'engage alors, lois contre lois. Un siècle et demi plus tard, tandis que naît la fabrique industrielle basée sur le charbon, les philosophes optent pour ces «lumières». Ce savoir qui voulait mettre la subjectivité à distance aura réussi au-delà de toute espérance : c'est l'être humain que la rationalité calculatrice a rendu obsolète.
(Coll. Questions contemporaines, 23.00 euros, 218 p.)
ISBN : 978-2-296-96233-0

L'HARMATTAN ITALIA
Via Degli Artisti 15; 10124 Torino
harmattan.italia@gmail.com

L'HARMATTAN HONGRIE
Könyvesbolt ; Kossuth L. u. 14-16
1053 Budapest

L'HARMATTAN KINSHASA
185, avenue Nyangwe
Commune de Lingwala
Kinshasa, R.D. Congo
(00243) 998697603 ou (00243) 999229662

L'HARMATTAN CONGO
67, av. E. P. Lumumba
Bât. – Congo Pharmacie (Bib. Nat.)
BP2874 Brazzaville
harmattan.congo@yahoo.fr

L'HARMATTAN GUINÉE
Almamya Rue KA 028, en face
du restaurant Le Cèdre
OKB agency BP 3470 Conakry
(00224) 657 20 85 08 / 664 28 91 96
harmattanguinee@yahoo.fr

L'HARMATTAN MALI
Rue 73, Porte 536, Niamakoro,
Cité Unicef, Bamako
Tél. 00 (223) 20205724 / +(223) 76378082
poudiougopaul@yahoo.fr
pp.harmattan@gmail.com

L'HARMATTAN CAMEROUN
BP 11486
Face à la SNI, immeuble Don Bosco
Yaoundé
(00237) 99 76 61 66
harmattancam@yahoo.fr

L'HARMATTAN CÔTE D'IVOIRE
Résidence Karl / cité des arts
Abidjan-Cocody 03 BP 1588 Abidjan 03
(00225) 05 77 87 31
etien_nda@yahoo.fr

L'HARMATTAN BURKINA
Penou Achille Some
Ouagadougou
(+226) 70 26 88 27

L'HARMATTAN SÉNÉGAL
10 VDN en face Mermoz, après le pont de Fann
BP 45034 Dakar Fann
33 825 98 58 / 33 860 9858
senharmattan@gmail.com / senlibraire@gmail.com
www.harmattansenegal.com

L'HARMATTAN BÉNIN
ISOR-BENIN
01 BP 359 COTONOU-RP
Quartier Gbèdjromèdé,
Rue Agbélenco, Lot 1247 I
Tél : 00 229 21 32 53 79
christian_dablaka123@yahoo.fr

Achevé d'imprimer par Corlet Numérique - 14110 Condé-sur-Noireau
N° d'Imprimeur : 133126 - Dépôt légal : octobre 2016 - *Imprimé en France*

www.ingramcontent.com/pod-product-compliance
Lightning Source LLC
LaVergne TN
LVHW011018061026
849535LV00006B/1934
9782343103433